百科通识文库新近书目

古代亚述简史

"垮掉派"简论

混沌理论

气候变化

当代小说

地球系统科学

优生学简论

哈布斯堡帝国简史

好莱坞简史

莎士比亚喜剧简论

莎士比亚悲剧简论

天气简述

百科通识
文库

地球系统科学

蒂姆·伦顿 著

林岩銮 译

外语教学与研究出版社

北京

京权图字：01-2020-7236

图书在版编目（CIP）数据

地球系统科学／（英）蒂姆·伦顿（Tim Lenton）著；林岩銮译．——北京：外语教学与研究出版社，2021.3
（百科通识文库）
ISBN 978-7-5213-2419-8

Ⅰ．①地… Ⅱ．①蒂… ②林… Ⅲ．①地球系统科学－普及读物 Ⅳ．①P-49

中国版本图书馆 CIP 数据核字（2021）第 035692 号

地图审图号：GS（2020）7136

出 版 人　徐建忠
项目负责　姚　虹　周渝毅
责任编辑　徐　宁
责任校对　周渝毅
封面设计　泽　丹　覃一彪
版式设计　锋尚设计
出版发行　外语教学与研究出版社
社　　址　北京市西三环北路 19 号（100089）
网　　址　http://www.fltrp.com
印　　刷　紫恒印装有限公司
开　　本　889×1194　1/32
印　　张　6.5
版　　次　2021 年 3 月第 1 版 2021 年 3 月第 1 次印刷
书　　号　ISBN 978-7-5213-2419-8
定　　价　30.00 元

购书咨询：（010）88819926　电子邮箱：club@fltrp.com
外研书店：https://waiyants.tmall.com
凡印刷、装订质量问题，请联系我社印制部
联系电话：（010）61207896　电子邮箱：zhijian@fltrp.com
凡侵权、盗版书籍线索，请联系我社法律事务部
举报电话：（010）88817519　电子邮箱：banquan@fltrp.com
物料号：324190001

记载人类文明
沟通世界文化
www.fltrp.com

目 录

图目　/VII

第一章　　家园　/1

第二章　　再循环　/25

第三章　　调节　/50

第四章　　变革　/75

第五章　　人类世　/99

第六章　　预估　/122

第七章　　可持续性　/145

第八章　　普遍化　/168

图 目

图 1. 地球、火星和金星的大气成分 /5

图 2. 正反馈和负反馈 /9

图 3. 硅酸盐风化负反馈 /12

图 4. 冰雪反照率正反馈 /14

图 5. 流体和生物地球过程的"布雷瑟顿图" /21

图 6. 当前地球和无生命地球的地表气体交换通量 /28

图 7. 地球表层和通过岩石圈的生物地球化学循环 /30

图 8. 氧循环 /35

图 9. 碳循环 /38

图 10. 磷循环 /43

图 11. 氮循环 /46

图 12. 调节的浴缸比喻 /53

图 13. "雷德菲尔德"模型的结果 /57

图 14. 显生宙时期大气中氧气的调节 /62

图 15. 显生宙时期大气中的 CO_2 的变化 /65

图 16. 反馈的 CLAW 假说 /70

图 17. 南极冰芯记录的大气中的 CO_2 变化和温度变化 /73

图 18. 地球历史的时间线 /79

图 19. 地球历史上大气中的氧气 /89

图 20. 人类进化与环境变化对应的时间线 /101

图 21. 不断上升的人类化石燃料 CO_2 排放量 /111

图 22.　大气中 CO_2 浓度测量的"基林曲线"　/115

图 23.　仪器测量全球平均温度记录　/119

图 24.　累积碳排放量与全球温度变化的关系　/133

图 25.　地球气候系统中的潜在临界元素地图　/138

图 26.　能量和物质流动　/148

图 27.　行星界限　/158

图 28.　地球系统内部目的论反馈　/160

图 29.　生物圈寿命的模型预测结果　/172

图 30.　太阳宜居带随时间的演变　/173

图 31.　行星系比较　/177

第一章

家　园

当人类第一次从太空看到地球时，这个孕育了我们和我们已知的所有生命的行星作为一个显而易见的整体进入了大众意识。地球系统科学正是从中诞生的研究领域——它试图理解我们的行星是如何作为一个整体运转的。地球系统科学的研究范围很广，包括 45 亿年的地球历史、地球系统当前的运转方式，以及对地球系统未来状态与最终命运的预测。它讨论的是，一个能够让人类进化的世界是怎样被创造出来的，我们现在作为一个物种是怎样重塑这个世界的，以及人类在地球系统中的可持续发展的未来是怎样的。因此，地球系统科学是一个跨学科性很强的领域，它综合了地质学、生物学、化学、物理学和数学的要素。它是一门年轻的综合性学科，是尝试理解复杂系统并预测其行为的更为广泛的 21 世纪知识发展趋势中的一部分。本章将解释地球系统科学是如何出现的，并介绍该领域的一些基本概念。

生命的迹象

从一个新的角度来看事物往往有助于重新认识它。一个人对如何探测火星生命的思考让我们有了认识地球的新的科学视野。那是 1965 年，詹姆斯·洛夫洛克（James Lovelock）受雇于美国国家航空航天局（简称 NASA），是火星"维京"任务中的一员。洛夫洛克的任务是设计一种方法来探测这颗红色行星上的生命，他意识到，并没有必要为此登陆火星。生物为了存活，必须消耗物质、通过化学反应转化物质，并将废物排放到周围环境中。行星的气态大气是这些物质的自然来源和废物的排放场所。因此他推断，如果火星或其他任何行星有丰富的生命，那将会从其大气成分中显示出来。

不同的气体吸收不同波长的辐射，因此通过观察其他行星的辐射光谱，就可以由地球的大气成分推断出其他行星的大气成分。在洛夫洛克提出通过大气成分分析探测生命后不久，陆基望远镜的第一批观测显示，火星的大气组成以二氧化碳为主，与没有生命存在的情况一样，金星也是如此。但地球有着与众不同的大气，大气中有由生命活动维持的高活性气体的混合物（图1）。

氧气是地球大气成分有别于其他行星的主要气体，地球大气中有略超过五分之一的气体是氧气，它对我们作为可活动的、有思想的动物的生存而言至关重要。但是如果没有光合作用产生氧气，它会是非常稀少的痕量气体。与氧气混合在一起的是甲烷这样的气体，它们可与氧气发生剧烈反应，以至于它们都处于共同燃烧的临界点。对当今大气中高浓度甲烷的唯一解释是，生命活动正在不断地产生甲烷。另一方面，当今大气中的二氧化碳正在惊人地减少。正如我们将要在后文中看到的那样，对二氧化碳减少的解释同样涉及生命活动。

微弱而年轻的太阳之谜

当洛夫洛克在思考如何探测行星上的生命时，卡尔·萨根（Carl Sagan）正走在加利福尼亚州帕萨迪纳的

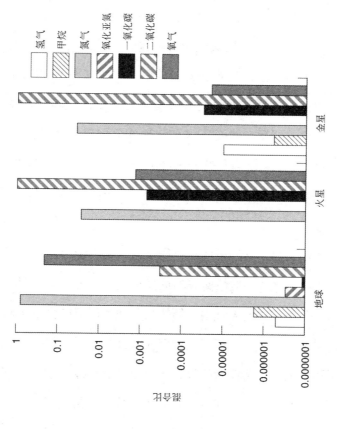

图 1. 地球、火星和金星的大气成分（混合比相当于在大气中的占比）

喷气推进实验室的走廊里，他对早期地球如何维持温暖的问题感到困惑。令人不解的是，像太阳一样的恒星会随着时间的推移逐渐燃烧得越来越明亮。在大约 45 亿年前，地球与太阳系的其他部分一起形成之初，太阳的亮度比现在低大约 30％。如果其他条件相同，那么地球表面温度会比现在低 33℃。这意味着，如果大气成分和现在相同，那么海洋会冻结。如果地表没有液态水，地球就不可能成为生命的摇篮。然而，38 亿年前的沉积岩的出现表明，当时有物质从大陆风化并在海底沉积，因此早期地球确实存在大量的液态水。所以，一定有某种东西使早期地球保持温暖。

萨根认为，这种东西有可能是大气层中很厚的一层能捕获热量的气体。他最偏好的选择是氨气，一部分原因是，如果它存在于早期大气中，便能与其他气体反应生成生命的基本组成部分——氨基酸。现在我们认为，正如今天的火星和金星，早期地球应该有一个以二氧化碳为主的大气层。在亿万年间，大部分二氧化碳已被转移到地壳中。但这带来了另一个疑惑——如何解释随着太阳变得越来越明亮，二氧化碳被稳定地去除，从而使地球保持凉爽。

盖亚假说

当洛夫洛克与萨根讨论微弱而年轻的太阳之谜时，他顿悟了：如果地球大气在很大程度上是生命的产物，并且其成分在多个地质时期保持稳定，那么也许是生命调节了大气成分，从而控制了地球气候。这个想法发展成了之后的盖亚假说——地球上的生命及其非生命环境形成一个自我调节的系统，使地球的气候和大气成分保持在适宜居住的状态。洛夫洛克在 20 世纪 60 年代末 70 年代初与已故的伟大微生物学家林恩·马古利斯（Lynn Margulis）一起发展了该假说，并以希腊大地女神的名字命名它为盖亚假说。它是把地球作为一个系统的第一个科学表述，而不仅仅认为地球是其各个部分的总和。因此，至少对我来说，盖亚假说标志着地球系统科学的开端。

当然，有些先驱者早就开始将地球视为一个系统，并认识到生命在其中的作用。18 世纪后期的地质学之父詹姆斯·赫顿（James Hutton）将固体地球描述为"不仅仅是一台机器，而且还是一个有组织的机体，因为它具有再生能力"。弗拉基米尔·韦尔纳茨基（Vladimir Vernadsky）

在其 1926 年的著作《生物圈》(*The Biosphere*) 中认为，生命是塑造地球的关键的地质力量。1958 年，海洋学家艾尔弗雷德·雷德菲尔德（Alfred Redfield）提出了一个他称之为"环境中化学因子的生物控制"的机制。以上只是前人成果的冰山一角。然而没有早期的学者意识到生命与其行星环境之间双向耦合的全球尺度和强度。

洛夫洛克和马古利斯最初写到，大气的调节是通过"生物群"（地球上所有生命的总和），也是为了"生物群"而进行的。尽管并非他们的本意，但这似乎意味着无意识的生物对地球环境的某种有目的的控制。这种目的论的推理超出了科学的边界，因而开启了一直持续到今天的对盖亚假说的争论。事实上，洛夫洛克试图传达的想法是，一个像地球这样的复杂系统并不需要任何有意识的预见或目的就可以自动进行自我调节。

反馈

洛夫洛克熟悉系统理论以及它的一个研究调节系统的分支——控制论。系统理论中的一个关键概念是反馈。反馈是指形成闭合回路的因果链（图2），意味着系统中一部分的过去或当前状态的信息可以影响其当前或未来的状态。这种因果关系的闭合回路可能很难理解，因为我们接受的教育是"线性"地思考因果关系，即原因引起结果，这个结果就是故事的终点。然而，洛夫洛克意识到，在地球这样的复杂系统中，必然存在大量的对系统的行为有深

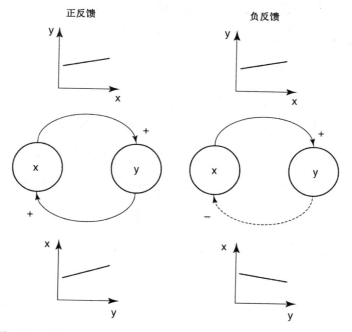

图2. 正反馈和负反馈。实线箭头上的加号表示直接关系（例如，增加 x 会增加 y）。虚线箭头上的减号表示相反关系（例如，增加 x 会减少 y）。回路中偶数（包括零）个相反关系形成正反馈，奇数个则形成负反馈

远影响的闭合反馈回路。

反馈有两种形式。正反馈是因果联系的放大回路，意味着给回路任何部分的一个初始扰动将会触发一个放大该初始变化的响应。负反馈是因果联系的阻尼回路，意味着给回路任何部分的一个初始扰动将会触发一个减弱该初始变化的响应。因此，负反馈倾向于维持现状，而正反馈倾向于推动变化。这里的"正"和"负"是数学上的意义而非情感上的意义。"正反馈"对地球系统来说不一定是好事，"负反馈"也不一定是坏事。事实上，数学上的意义往往与情感上的意义相反。

洛夫洛克和马古利斯假定地球系统中的负反馈和正反馈回路的组合产生了一种自我调节的整体特性——如果某些因素影响了该系统，那么系统倾向于恢复其初始状态。这表明负反馈至少在接近系统的初始状态时占上风。然而，推论是，如果某些因素对系统的影响过大，那么系统可能会通过正反馈进入另一种状态。换言之，自我调节并非一成不变——它可能会崩溃。

地球系统科学的一个关键部分是识别地球系统中的反馈回路和理解它们能够产生的行为。但是，当洛夫洛克第一次产生盖亚假说这个重大想法时，包括他在内的所有人都不知道可以调节气候和大气成分的反馈机制是什么。20世纪70年代，洛夫洛克和马古利斯提出可以调节大气成分的机制的假说，但是地球气候的长期稳定性仍然是一个谜题。

气候调节

1981年，詹姆斯·沃克（James Walker）、P. B. 海斯（P. B. Hays）和吉姆·卡斯廷（Jim Kasting）提出了一种能够抵消太阳变亮并保持地球凉爽的负反馈机制。他们想法的核心是一个被称为硅酸盐岩石风化的过程，它可以在不同地质年代中去除大气和海洋中的二氧化碳。火山活动和岩石变质过程使海洋沉积物中沉积的古老的碳得到了再循环，而硅酸盐岩石风化平衡了这些过程在大气和海洋中增加的二氧化碳。在硅酸盐岩石风化过程中，二氧化碳和雨水与硅酸盐岩石发生反应，释放出钙离子、镁离子和碳酸氢根离子，它们被冲刷到海洋中，并结合成碳酸盐岩石。这个过程将二氧化碳从大气转移到地壳。

沃克和他的同事们意识到，硅酸盐岩石风化像大多数
化学反应一样，在较温暖的条件下会更快地发生。因此，
如果某些因素引起地球变暖，比如稳定变亮的太阳，就会
加速硅酸盐岩石风化过程，并从大气中去除更多的二氧化
碳。由于二氧化碳是一种吸热的"温室"气体，因此该过
程倾向于使地球再次冷却。这是一种负反馈机制（图3），
在这种情况下，"负"反馈肯定是一件好事，因为它有助
于使地球气候保持稳定。

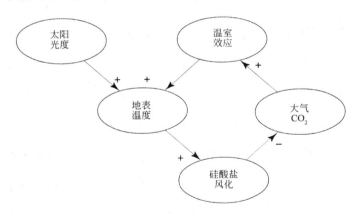

图 3.　硅酸盐风化负反馈，太阳光度的变化显示为一个外强迫

硅酸盐岩石风化的负反馈并不完美——它不能完全抵
消太阳变亮的影响——但它抑制了地球温度的预期变化。
不久，洛夫洛克与安德鲁·沃森（Andrew Watson）和迈

克·惠特菲尔德（Mike Whitfield）一起，在反馈机制中
增加了生物作用。他们指出，植物及其相关的土壤群落创
造了一种可以更快溶解岩石的酸性风化环境，从而加速了
二氧化碳的减少，这样地球就冷却了。同时因为植物生产
力能够响应二氧化碳和温度的变化，因此可以形成一个更
强的负反馈机制。

雪球地球

在地球化学家研究是什么因素让地球气候在最长的时
间尺度内保持稳定时，早期的气候模拟专家正在担心哪些
因素可能会破坏气候的稳定性。20 世纪 60 年代后期，米
哈伊尔·布德科（Mikhail Budyko）和威廉·塞勒斯（William
Sellers）各自认识到，地球气候原则上可以被卷入一个从
赤道到两极全都被冰雪覆盖的冰冻状态。这种另类的状态
被称为"雪球地球"，因为地球从外部看就会像一个巨大
的雪球。值得注意的是，布德科和塞勒斯的模型表明，雪
球状态将是稳定的，就像目前的气候状态一样，因为雪球
吸收的太阳能量将会少得多，并因其较低的温度而释放更

少的热辐射,以此来保持平衡。

地球从目前的气候状态变成雪球状态的过程涉及一种特别强烈的正反馈机制,被称为"冰雪反照率反馈"(图4),它的关键是冰雪对阳光的很强的反射能力(高反照率)。因此,如果某些因素倾向于使地球降温,比如大气中二氧化碳含量下降,这会导致冰雪覆盖范围扩大,从而反射更多阳光并使地球进一步降温。在这种情况下,"正"反馈绝不是一件好事。

冰雪反照率反馈和所有的正反馈机制一样,可以加剧两种趋势的气候变化中的任何一种:不管是变冷(冰雪覆盖增加)还是变暖(冰雪覆盖减少)。这个反馈也作用于

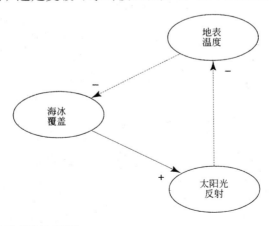

图 4. 冰雪反照率正反馈

当下的地球，由于两极的冰盖均相对缩小，该反馈倾向于加剧气候变化，尤其是在极地附近。然而，如果地球变冷且冰雪覆盖增加，该反馈会变得更强。这是因为冰雪会沿着球面扩张到能接收更多太阳辐射的低纬度地区，随着冰雪到达低纬度地区，特定的温度扰动会导致冰雪覆盖面积增量变大、阳光反射增加，以及温度变化相应加剧。

如果冰线到达纬度 30 度（热带）的地区，反馈会变得十分强烈以至"失控"。这意味着任何额外的微小的降温都会导致冰雪覆盖增加，以及与初始扰动相同或比初始扰动更强的降温。这会导致更大程度的冰雪覆盖的增加，如此直到（南北半球的）冰雪在赤道上迅速闭合，形成一个雪球。

这种失控的正反馈是非常罕见的，只有在正反馈回路中的一次过程可以将初始变化放大 100％或更多时，这种情况才会发生。在地球或其他任何系统中，只有一小部分机制才会有如此强的反馈。相反，绝大多数正反馈机制都非常微弱而不会失控——反馈回路中的一次过程对初始变化的放大远小于 100％——因此系统会收敛，接近其初始状态。

逃离雪球

在布德科和塞勒斯建立他们的模型时，几乎没有人认为地球曾经真正处于雪球状态，因为很难想象地球是如何逃离这种状态的。然而，乔·基施温克（Joe Kirschvink）在 1992 年首次提出了一种合理可行的逃离机制，它取决于长期碳循环平衡的改变。雪球地球的大部分大陆被冰盖覆盖，在其干旱、冰冷的气候中，从大气中去除二氧化碳的硅酸盐岩石风化过程将停止。然而，向大气中排放二氧化碳的火山活动和岩石变质过程继续存在——火山可以融化大陆上的大型冰盖。在有输入却无输出的情况下，大气中的二氧化碳浓度会持续增加。

随着二氧化碳的积累，这颗冰冻的行星产生的微弱的热辐射通量将被更多地捕获并传回地表，使地表升温。数百万年后，二氧化碳浓度最终会达到足以融化赤道上的海冰并暴露出深色海面的水平。当这种情况发生时，冰雪反照率反馈将再次开始，但这次是反向运行——在失控的过程中再次促进冰雪的融化。

模型表明，雪球地球的失控融化将使地球直接进入无冰状态。由于大气中含有大量二氧化碳，气候会变得非常炎热（和潮湿），硅酸盐岩石风化过程会变得非常活跃。在随后的数百万年中，大气中积聚的过量二氧化碳将被去除，气候再次降温。事实上，如果没有其他的改变，气候降温会到达临界点，触发下一次雪球地球，并使循环自动重复。这种周而复始的变化是系统的典型行为，其中快速的正反馈（此例中的冰雪反照率反馈）与缓慢的负反馈（此例中的硅酸盐岩石风化反馈）相互作用。正如我们在第四章将要看到的，地球历史中至少有一段时间被认为发生了多次雪球事件。

全球变化

正是我们将地球与其相邻星球分开，思考地球历史，才拉开了地球系统科学的序幕。但到了20世纪80年代，出现了把地球作为一个系统来考虑的另一个令人信服的理由——人们清醒地认识到，人类活动正在一个短得多的时间尺度上改变现有的地球系统。研究平流层臭氧损耗和全球变暖的科学家意识到，为了正确理解这些全球变化，他们必须关注地球系统的物理、化学和生物组成部分之间的相互作用。

洛夫洛克的工作再次发挥了关键作用，因为他在1971年首次发现了大气中氯氟烃（CFCs）的全球积累。1974年，马里奥·莫利纳（Mario Molina）和舍伍德·罗兰（Sherwood Rowland）用一个大气化学模型预测，这种氯氟烃的积累将在一定程度上加快平流层臭氧的破坏（在50—100年内损失7%）。而实际情况比预测的结果惊人得多。1985年，乔·法曼（Joe Farman）和其同事发表了南极上空臭氧洞的观测结果。具有讽刺意味的是，1979年发射的臭氧总量测绘光谱仪卫星一直都有观测到这个臭氧洞，但计算机算法不断将该极端数据作为仪器误差而拒绝接收。臭氧洞的形成引发了风靡一时的科学研究，以理解为什么臭氧损失如此极端。结果表明，它取决于四个方面的相互作用：大气极地涡旋环流、非常冷的极地平流层云的形成、平流层云表面释放氯和溴的化学反应，以及（人们已了解的）这些卤素对臭氧的催化破坏。到1987年，已经有59个国家签署了《蒙特利尔议定书》，呼吁严格限制氯氟烃的排放。

　　到 20 世纪 80 年代，受益于查尔斯·戴维·基林
（Charles David Keeling）从 20 世纪 50 年代后期开始在夏
威夷冒纳罗亚火山进行的连续测量，人们也清楚地认识到，
大气中的二氧化碳浓度在上升。化石燃料燃烧和土地利用
变化这些二氧化碳的人为来源显然负有责任，但令人困惑
的是，每年的二氧化碳排放量只有大约一半会在大气中
积累。

　　为了理解究竟发生了什么，伯特·博林（Bert Bolin）
这样的先驱们开发了第一批全球碳循环模型，表明海洋
和陆地都在吸收人类排放的一部分过量的二氧化碳。与
此同时，气候模型也日趋成熟。在 20 世纪 60 年代后
期，真锅淑郎（Syukuro "Suki" Manabe）和柯克·布赖
恩（Kirk Bryan）开发了第一个成功耦合了大气环流和海
洋环流的全球模型。真锅淑郎与迪克·韦瑟拉尔德（Dick
Wetherald）一起利用该模型首次对大气中的二氧化碳积累
造成的气候变化进行了预测，并于 1975 年发表了研究成
果。全球陆地温度上升的观测记录也是在 20 世纪 70 年代
由东安格利亚大学气候研究小组首次编制的。经过 20 世
纪 80 年代一连串的温暖的年份后，1988 年，气候模拟专

家詹姆斯·汉森（James Hansen）在美国国会作证，警示全世界关注全球变暖问题。

这两个著名的例子展示了观测专家和计算机模拟专家是如何开始根据地球系统各部分之间的相互作用来理解全球变化的。NASA 从所有这些活动中召集了一组科学家共同阐明地球系统科学这个新兴领域。在 1986 年的一份有影响力的报告中，他们"将地球系统视为在一系列不同的空间和时间尺度上运作的相互作用的过程的集合，而不是单个组成部分的集合"。该报告留下的影响最持久的一个成果是表示地球系统各组成部分之间相互作用的示意图（图 5），也就是以该委员会主席弗朗西斯·布雷瑟顿（Francis Bretherton）命名的"布雷瑟顿图"。布雷瑟顿图所做的是将一系列已有的科学研究对象以及与它们相关的科学共同体放在同一张图上。因此，它为广大研究者在"地球系统科学"的旗帜下聚集起来提供了社会凝聚力。

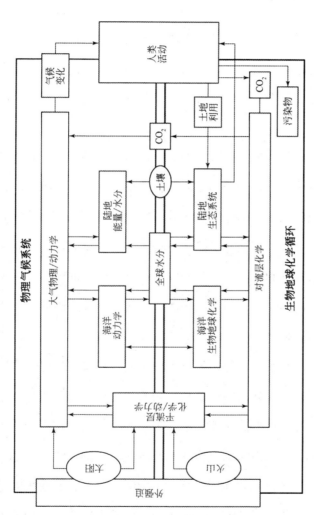

图 5. 流体和生物地球过程的 "布雷瑟顿图"

定义地球系统

在系统思考中，第一步通常是识别你的系统和它的边界，这意味着定义系统的内部和外部都有什么。布雷瑟顿图（图5）和该NASA报告是对地球系统进行定义的首批尝试中的一次。

地球系统的外部边界很清晰，是大气层顶部。太阳在地球系统之外，它虽然提供了我们主要的能量来源，但它不受地球系统内部变化的影响。在大气层顶部，大量的能量发生交换，但物质交换相对较少。一些氢原子能够克服地球引力逃到太空，也有一些陨石物质进入地球系统（平均每天约44吨），但这些物质通量与地球系统内部的物质循环相比是微小的。

地球系统的内部边界是否要定义，或者在哪里，这还不太清晰。从外层空间的角度来看，将整个地球视为一个系统是很自然的。然而，地球内部的大量物质有自己的热源，热源由放射性衰变和地球吸积作用的剩余热量提供。这种内部热源驱动地幔对流、火山活动和地表的板块构造活动，因此它影响地球表层系统，但不受地球表层系统的

影响。所以从系统思考的意义上而言，热源是在地球系统
"外部"，尽管它在我们的下方（并且地球外核中流动的液
态铁在我们周围创造了一个保护性的磁场）。

那么，科学家如何划分地球表层系统和地球内部呢？
令人相当惊讶的是，地球系统的内部边界取决于我们所考
虑的时间尺度。如果我们关注下个世纪的全球变化，我们
会在模型中排除地壳的构造循环，因为这种变化跨越数
百万年。实际上，我们也几乎不需要考虑大陆的风化和海
洋中沉积物的沉积。我们确实需要考虑火山喷发注入的
物质，但这被视为来自系统外部，正如布雷瑟顿图所示
（图5）。

我们关注的时间尺度越长，需要纳入地球系统的东西
就越多。一个极端的例子是，如果我们关注抵消数十亿年
来太阳稳定增亮的机制，我们就需要考虑大陆的产生和运
动、沉积在地壳中的碳的再循环，以及火山和地质构造活
动的长期变化。这意味着地壳中的物质成为地球系统的一
部分，并且我们必须认识到，地壳也与地幔发生物质交换。

上述情况导致了地球系统比较模糊的下边界。在考虑
最长的时间尺度时，1986年的那份NASA报告所做的正

是尝试将地球的整个内部包含在地球系统中。可以理解的是，地球科学家也倾向于将整个地球（以及他们的整个研究领域）囊括在地球系统的范围内。然而，对许多地球系统科学家来说，地球实际上是由两个系统组成的——供养生命的地球表层系统和它下面的庞大的地球内部系统。本书的主题是地球系统在地表的薄薄的一层，以及它非凡的特性。

第二章

再循环

今天的地球系统如何供养如此蓬勃的生命呢？有液态水的宜居气候显然是必不可少的，但生物也需要能量和大量物质来组成自己的身体。太阳提供了丰富的能量，驱动了水循环，也通过光合作用为生物圈供能。然而，地球表层系统对物质而言几乎是封闭的，只有很少的物质从地球内部输入地表。因此，为了供养蓬勃的生物圈，生命所需的所有元素必须在地球系统内部得到有效的再循环，这反过来又需要能量来驱动物质发生化学转化并在地球上进行物理运动。由此产生的生物圈、大气、海洋、陆地和地壳之间的物质循环被称为全球生物地球化学循环——因为它们涉及生物、地质和化学过程。本章介绍的就是这些维持生命的循环。

生物地球化学循环

通过对比当前在地表交换的气体通量和通过地质过程进入地球表层系统的气体通量，可以很好地说明地球系统内部的再循环强度（图6）。地表与大气之间的物质交换量比固体地球的物质输入量大好几个数量级。这种再循环只能用地球上存在生命来解释。事实上，再循环中被交换的几种关键气体只能由生物产生。

大气与海洋和陆地表面之间显著的气体交换仅仅是生物地球化学循环的一部分。水循环也会通过物理过程将固体的或在溶液中存在的元素从陆地输送到海洋。水循环是全球的水在海洋（97%的水储存在海洋中）、大气、大冰原、冰川、海冰、淡水和地下水之间的物理循环。

水循环与地球气候密切相关，因为它由能量驱动，同时也携带能量。把水从固体变成液体，或从液体变成气体，都需要能量；在气候系统中，能量来自太阳。同样，当水从气体凝结成液体，或从液体冻结成固体时，都会释放能量。太阳加热驱动了海水蒸发，大气中约90%的水汽由该过程提供，其余10%来自陆地和淡水水体表面的蒸发

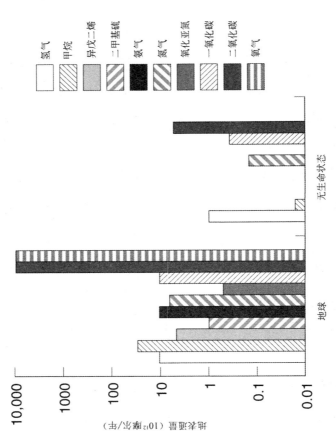

图 6. 当前地球和无生命地球的地表气体交换通量——显示了生命的深远影响

作用（以及使冰和雪直接变成水汽的升华作用）。蒸发使海洋和陆地表面降温，而当水汽凝结形成云滴和雨，或冻结形成雪时，大气就升温了。这种大气加热作用转而驱动气团向上对流。雨和雪的降落使水回到海洋和陆地，降到陆地的水可以通过淡水流入海洋。而在降雪终年不化的地方，大冰原就会开始增长。

水循环与其他生物地球化学循环密切相关（图7）。许多化合物可溶于水，也有一些与水发生化学反应。这使海洋成为几种必需元素的关键物质库，也意味着雨水可以从大气中清除一些可溶气体和气溶胶。当雨水落到地面，形成的雨水溶液可以通过化学作用使岩石风化。硅酸盐的风化转而帮助气候稳定在水是液体的状态。降雨和冰蚀作用也会通过物理过程侵蚀陆地。淡水将侵蚀和化学风化产生的颗粒物和溶解物从陆地输送到海洋。一旦进入海洋，较轻的元素可以被转换成气态并回到大气中，又有一部分能从大气回到陆地（对于较重的元素，气态循环并不是一个选择）。固体物质在海洋沉积到海洋沉积物中。然而，大部分沉积在海底的固体物质会通过生物作用发生再循环，回到水体中。

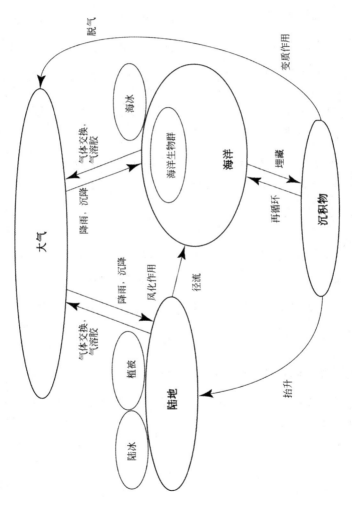

图 7. 地球表层和通过岩石圈的生物地球化学循环——关键过程和库的展示

在更长的地质时间尺度上，物质也通过地壳发生再循环（图 7）。在海底新的沉积岩形成的过程中，一小部分物质从地球表层系统中暂时失去，但这些物质中的大部分最终通过岩石循环返回到地表。沉积在大陆架上的沉积物随后可能因海平面下降或陆壳隆升而暴露出来。海洋沉积物最终在大陆边缘俯冲，受到加热和加压（变质作用），将它们包含的挥发性物质以气体形式——有时通过火山作用——释放回大气中。变质岩则通过板块构造重新回到地表。再循环的沉积岩、变质岩和火成岩（由地幔形成）一起为地球表层系统提供了新的物质供给，这些物质可以通过化学风化过程释放出来。

每一种对生命重要的主要元素都有自己的生物地球化学循环。然而，每一个生物地球化学循环过程都可以被概念化为相互之间通过物质通量（或流量）连接起来的一系列物质库（或"箱"）。在这里，我将用摩尔表示库的大小（摩尔度量库所包含的原子或分子数量），而不是用质量（因为不同元素的原子质量不同）；库之间的通量用摩尔每年表示。当一个生物地球化学循环处于稳定状态时，每个库的流入和流出通量一定保持平衡。于是我们可以定义额外的有用的物理量。值得注意的是，某个库中物质的总量除以其与另一个库的交换通量，等于该库中的物质相对于特定交换过程的平均"停留时间"。例如，当前大气中约有 7×10^{16} 摩尔的二氧化碳（CO_2），光合作用每年去除约 9×10^{15} 摩尔的 CO_2，那么每个 CO_2 分子在世界上的某处被光合作用吸收之前，在大气中的停留时间约为 8 年。

氧循环

光合作用是太阳能进入生物圈并开始使物质发生化学转化的过程。因此可以说，生物地球化学循环的发现始于约瑟夫·普里斯特利（Joseph Priestley）1772 年的植物实验。普里斯特利意识到，植物与大气和土壤都会发生物质交换。用现代术语来说，植物从大气的二氧化碳中获取碳，将从水分子获得的电子添加给碳，并将氧气（O_2）作为废物排放到大气中。简化后的总反应是：

$$CO_2 + H_2O + 阳光 \rightarrow CH_2O^1 + O_2$$

虽然植物主导了陆地上的光合作用，但是第一批进

1　CH_2O 表示糖类。——译注，下同

行光合作用的生物是蓝细菌，接着是它们更为复杂的后
代——藻类，而蓝细菌仍然主导着海洋和淡水中的初级生
产量。用能量相关术语来说，当今的全球光合作用以化学
形式获得约 130 太瓦（符号 TW，1 TW=10^{12} W）的太阳能，
在海洋中和在陆地上被吸收的太阳能各占大约一半。这去
除了大气中大量的二氧化碳，并释放出相应量的氧气气体
分子（图 6）。

氧气是一种高活性的物质，在一个被称为"氧化"的
过程中，它夺去其他元素和化合物中的电子的倾向性很
强。物质通过与氧气发生反应等方式被夺去电子的过程称
为"被氧化"（而获得电子的相反过程称为"还原"，并
且有过量电子的物质称为"被还原"的物质）。在有氧呼
吸过程中，光合作用被逆转，有机物与氧气的氧化反应
（$CH_2O + O_2 \rightarrow CO_2 + H_2O$）将从阳光中获得的化学能释放
出来，并将二氧化碳（氧化的碳）返回到大气中。发生光
合作用的生物通过有氧呼吸促进生长，动物、真菌和各种
微生物也都如此。

光合作用产生的一些有机碳逃脱了有氧呼吸，并到达
缺乏氧气的地方，如海洋沉积物或动物内脏中。在那里，

细菌可以利用硝酸盐、硫酸盐、铁氧化物或其他氧化物将有机碳转化为二氧化碳。这些化合物中的氧最初来源于光合作用，因此最终结果仍是抵消光合作用，但反应产生的能量比有氧呼吸产生的能量少。如果氧化物耗尽，那么一类叫作古菌的特殊生物就会将有机碳转化为甲烷和二氧化碳——产生的能量会更少。甲烷最终与大气中的氧气（或其他氧化物）发生反应，从而再次抵消光合作用。有机碳的所有分解途径共同产生了返回大气的二氧化碳通量，它几乎平衡了光合作用所吸收的二氧化碳（图6）。

地表的再循环系统几乎完美，但在光合作用产生的有机碳中，有一小部分（约0.1%）逃离了再循环过程，被埋藏在新的沉积岩中。这种有机碳埋藏通量在大气中留下了等量的氧气。因此，有机碳埋藏代表了大气中氧气的长期来源。它是通过大气中的氧气与暴露在大陆沉积岩中的古老有机物的反应来平衡的，这一过程被称为氧化风化。当前的大气中有 3.8×10^{19} 摩尔的分子氧（O_2），氧化风化每年去除约 1×10^{13} 摩尔的 O_2，那么氧相对于氧化风化去除过程的停留时间约为400万年。这使得氧循环（图8）成为地质时间尺度的循环。

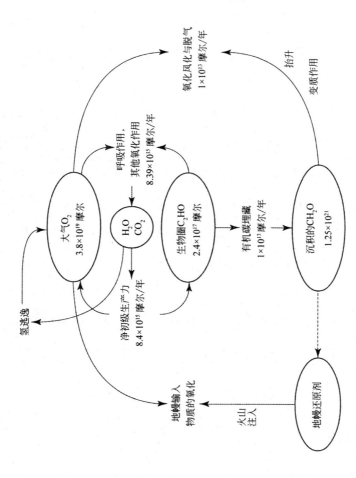

图 8. 氧循环——通量和库存的大小

大气 O_2
3.8×10^{19} 摩尔

H_2O
CO_2

生物圈 C_2HO
2.4×10^{17} 摩尔

沉积的 CH_2O
1.25×10^{21}

地幔还原剂

氧化风化与脱气
1×10^{13} 摩尔/年

呼吸作用,
其他氧化作用
8.39×10^{15} 摩尔/年

净初级生产力
8.4×10^{15} 摩尔/年

有机碳埋藏
1×10^{13} 摩尔/年

抬升

变质作用

火山注入

地幔输入
物质的氧化

氢逃逸

在更长的时间尺度上，一些有机碳和氧会与地幔进行物质交换。氧气是通过与来自地幔的还原性火山气体发生反应被去除的；同时，当构造板块俯冲时，古老的有机碳被加入地幔。进入地幔的氧化性物质通量可能超过还原性物质通量，但地幔质量如此之大，且缓冲性很好，以至于在地球历史上，地幔的氧化状态变化并不大。相比之下，地壳中以氧化性铁和氧化性硫的形式被困在岩石中的氧要比有机碳多得多。这告诉我们，在地球历史上，存在一个地壳中氧的净来源，这必定是氢流失到太空导致的。整个反应过程是复杂的，但它始于水在光合作用中的分解，相当于水中的氢流失到太空而留下氧：

$$2H_2O \rightarrow O_2 + 4H\uparrow_{太空}$$

现在只有极少量的氢逃离地球大气，使之成为非常小的氧来源，但情况并不总是如此（正如我们将在第四章中看到的那样）。

碳循环

氧循环相对简单，因为大气中氧气的库如此之大，以至于植被、土壤和海洋中储存的有机碳相形见绌。因此，氧气不会通过呼吸作用或有机物燃烧消耗殆尽。即使燃烧完地球中贮藏的所有已知化石燃料，也只能使大气中巨大的氧气库稍有减小（化石燃料中的碳大约有 4×10^{17} 摩尔，这仅仅是氧气储量的大约 1%）。

然而，CO_2 这种气体比 O_2 稀缺得多——在工业革命之前，大气中每一个 CO_2 分子对应 750 个 O_2 分子。因此，同样的通量大小对 CO_2 的影响要比 O_2 大得多。大气并不是碳在地球表面的主要的库，这不同于 O_2。全球植被中的碳含量与大气中的碳含量相当，土壤（包括永久冻土）中的碳含量大约是大气中的 4 倍。碳的这些库与海洋相比却小得多，由于 CO_2 与海水反应，海洋储存的碳是大气的 45 倍。因此，大气与陆地和海洋之间的交换通量必须被认为是潜在的短期的控制大气中 CO_2 的因素（图 9）。

大气和陆地之间的碳交换很大程度上是生物过程，包括光合作用的吸收和有氧呼吸的释放（在更小的程度上，还包括火灾）。大气和海洋之间的碳交换涉及化学、物理和生物过程的混合。CO_2 在海洋表层和大气之间不断地交换。当海洋表层水经物理过程从低纬度循环到高纬度时会

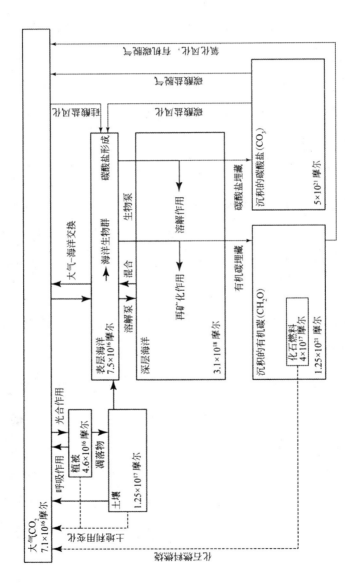

图 9. 碳循环——展示了短期地表循环（大箭头）和长期与地壳的交换（小箭头），以及主要的人为通量（虚线箭头）

冷却，从而吸收更多的 CO_2。在一些高纬度地区——今天
的北大西洋和南大洋——这些表层水带着过量的 CO_2 下
沉到很深的地方，产生了探向深海的碳的"溶解泵"。还
存在一种碳的"生物泵"，即海洋表层生物吸收 CO_2，它
们的尸体下沉（或以海洋表层生物为食的生物的排泄物下
沉），将碳转移到深海。这两种碳泵都在深海产生过量的
碳，并在大气和海洋表层产生碳的亏损。

除了由有机碳组成，一些海洋生物还会产生碳酸钙和
碳酸镁的沉淀物。这些生物包括漂浮在海洋表层的微小浮
游植物、海底微生物（生活在海床上）和珊瑚。浮游植物
产生过量的碳酸盐，但当它们的碳酸盐外壳沉入深海时，
往往会随着压力增加而溶解。这就产生了一种被称为"碳
酸盐补偿深度"的特征"雪线"，在这个深度以下，没有
碳酸盐能在海洋沉积物中保存。在这个深度以上，新的碳
酸盐岩石可以形成，从而将碳酸盐从海洋表层系统中去
除。这种去除过程是通过陆地上的碳酸盐岩石风化来平衡
的，风化过程吸收了大气中的 CO_2（例如，$CaCO_3 + CO_2 + H_2O \rightarrow 2HCO_3^- + Ca^{2+}$）。当碳酸盐发生沉降并最终储存在
海洋中时，这一反应被逆转，每形成一个碳酸盐分子就会

释放一个 CO_2 分子（例如，$2HCO_3^- + Ca^{2+} \rightarrow CaCO_3 + CO_2 + H_2O$）。只要碳酸盐的风化和沉积处于平衡状态，其结果就是一个对大气中的 CO_2 没有净作用的零循环。

长期碳循环涉及碳与地壳的交换（图 9）。跟在碳酸盐岩石形成之后的硅酸盐岩石风化充当着碳进入地壳的净去除过程（例如，$CaSiO_3 + CO_2 \rightarrow CaCO_3 + SiO_2$）。海洋、陆地和大气中共有约 3.4×10^{18} 摩尔的碳，硅酸盐岩石风化每年去除约 7×10^{12} 摩尔的碳。因此，CO_2 相对于硅酸盐岩石风化过程的停留时间约为 50 万年。当沉积在海洋中的碳酸盐沉积物被俯冲并通过火山和变质过程"脱气"，将 CO_2 注入大气时，这部分碳从地壳回到大气。有机碳埋藏也会将碳移至地壳，碳通过氧化风化或脱气过程（氧循环的镜像过程）返回地表。在这两种将碳移至地壳的去除途径中，碳酸盐埋藏通量大约是有机碳埋藏通量的 4 倍。

同位素约束

地球系统科学家是如何计算出这些数据，从而对生物地球化学循环进行定量研究的呢？当然，他们尝试通过直接测量来估算通量和库。但是，在所有地方都测量是行不通的。因此，科学家常用模型从可获得的测量数据外推得到全球数据。当长时间尺度的过程涉及相对较小的通量时，计算的误差棒可能很大。而幸运的是，还存在一个额外的数据约束，就是来自不同的库和通量的同位素组成。

同位素对重建过去的碳循环特别有帮助。碳有两种稳定的同位素——普通的 ^{12}C 和更重、更稀有的 ^{13}C（原子核中多了一个中子）。由于它们的质量不同，不同的过程对这两种同位素有不同的偏好。例如，光合作用对 CO_2 的吸收（在一种被称为 RuBisCO［核酮糖–1,5–双磷酸羧化酶/加氧酶］的酶的作用下）偏爱较轻的 ^{12}C，而不是较重的 ^{13}C，因此所产生的有机物中的 ^{13}C 相比大气减少了约 2.5%—3%。这被称为"同位素分馏"。它通常是以相对于一种组分被定义为千分之零（千分率用 per mil 表示）的某种参考物质或"标准"的千分之几或 per mil 的尺度衡量的。最初的标准是以一种生物化石——箭石化石的壳的形式存在的碳酸盐样品。偏离标准的分馏通常是很小的，用 delta（δ）表示法表示，例如，$\delta^{13}C$。由此，光合作用产生的有机碳的 $\delta^{13}C$ 为 –30 — –25 per mil。

碳酸盐岩石分馏平均约为 0 per mil，但偏离该值的波动可以为碳循环过去的变化提供有价值的线索。值得注意的是，如果有机物中碳的去除量发生变化，那么海洋的同位素组成也会发生变化，而这又会被记录在碳酸盐岩石中。例如，如果有机碳埋藏增加，这将从海洋中去除更多较轻的 ^{12}C，从而使海洋和在海洋中形成的碳酸盐岩石富含 ^{13}C。同样，如果有机碳埋藏减少，那么海洋和在海洋中形成的碳酸盐将富含 ^{12}C。

惊人的是，当我们回顾地球历史时，发现碳酸盐的同位素组成有波动，但没有净的上升或下降。这表明，总有大约五分之一的碳以有机物的形式被埋藏，另外五分之四以碳酸盐岩石的形式存在。因此，即使在早期地球，生物圈的生产力也足以支持一个可观的有机碳埋藏通量。

磷循环

生产力和有机碳埋藏取决于向陆地和海洋提供的营养物。对生命最重要的两种营养物是磷和氮，它们有截然不同的生物地球化学循环（图 10 和图 11）。最大的氮库在

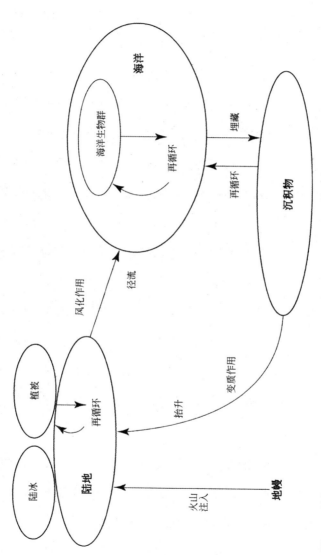

图 10. 磷循环

大气中，而较重的磷几乎不以气体形式存在。因此，磷对生物圈的再循环提出了更大的挑战。

所有的磷都是通过陆地上岩石的化学风化作用进入地球表层系统的（图10）。磷集中在岩石里的磷灰石晶粒或岩脉中。自然选择使陆地上的植物及其真菌伙伴（被称为"菌根"）通过制造和分泌各种可以溶解磷灰石的有机酸而非常有效地从岩石中获取磷。真菌穿入岩石，当它们偶然发现磷灰石时，就开始溶解它。一旦磷成为可溶的磷酸盐形式，就可以被植物直接吸收。然而，磷酸盐也会被吸附在例如黏土等矿物的表面，或与土壤中的其他元素反应生成次生矿物，从而降低其可利用性，刺激了磷的再循环。死去的生物中的磷被细菌和真菌——包括与植物根部直接相连的菌根真菌回收利用，从而限制了磷在循环过程中损失的可能性。在磷流失到淡水水体之前，会被正常的陆地生态系统回收利用约50次。

从陆地流失的磷进入海洋，提供了这种必需营养物的关键输入。磷以溶解在水中的磷酸盐形式储存在海洋中。磷酸盐从深海中上升时，会被浮游植物吸收，这些浮游植物接下来会死亡或被吃掉。磷在生命过程中极其珍贵，以至于它会优先从这些死去的生物中剥离出来。这就产生了海洋表层中营养物再循环的"微生物环",据估计,它能使海洋表层生产力提高三倍。然而,一些磷会流入深海。磷通过海水物理上升流而实现的再循环决定了可以在"生物泵"中离开海洋表层的有机物的量,从而影响碳循环。

一些有机磷到达海洋沉积物,在那里它们又一次被优先利用,大部分有机磷发生再循环回到水体,有助于支持海洋表层的生产力。然而,由于形成新的磷灰石矿物,或由于磷酸盐被铁氧化物矿物吸附,一些磷被困在沉积物中;而有些则残留在有机物中,进入新的沉积岩。这种将磷移入岩石循环的过程平衡了陆地上岩石中磷的风化作用。这也影响了可以埋藏在海洋中的有机碳的量,从而影响大气中氧气的长期来源。

氮循环

氮循环(图 11)受生物控制。尽管大气中有大量的氮,但氮气分子(N_2)非常紧密地结合在一起,使得大多数生物无法获得氮。要使 N_2 分裂,并使氮可以被生物

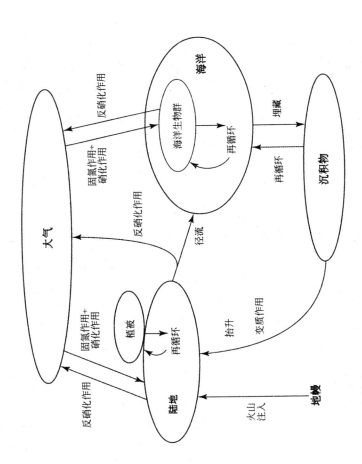

图 11. 氮循环

利用，需要一项非凡的生化壮举——固氮，这消耗大量的能量。在海洋中，最主要的固氮微生物是以太阳光作为直接能量来源的蓝细菌。在陆地，各种植物与固氮细菌形成共生伙伴关系，植物在根瘤中为固氮细菌安家，并为它们提供食物以换取氮。在土壤中也存在自由生活的固氮微生物。

氮被固定为一种还原性化合物——铵，当铵与氧发生反应时产生能量。硝化细菌依靠这种能量生存，并在硝化过程中将铵转化为亚硝酸盐，再转化为硝酸盐（NO_3^-）。在我们的含氧世界中，硝酸盐是一种相对稳定的化合物，形成了海洋和土壤中生物有效氮的主要的库。然而，在反硝化过程中，硝酸盐可以用来氧化有机物并产生能量，最终硝酸盐转化为氮气。反硝化细菌依靠这种能量生存，同时，氧化亚氮（N_2O）气体也常常在此过程中释放出来。当氧气降到一个低的浓度时，对反硝化作用是有利的，因此反硝化作用倾向于发生在水浸的、缺氧的土壤和海洋中层的"最低氧区"（这是由下沉中的有机物的有氧呼吸造成的）。

固氮和反硝化作用形成了陆地和海洋氮的主要输入

和输出通量，但在生态系统内也存在氮的再循环。光合作用生物（陆地上的植物、海洋中的浮游植物）吸收硝酸盐（有些浮游植物吸收铵）并将其同化为有机物。这种氮可以通过细菌和陆地上的真菌的氨化作用（或再矿化作用）从死的有机物中恢复，转化成铵。接着，铵可以被硝化为硝酸盐，并再次被光合作用生物吸收。在海洋中，从有机物而来的氮的再矿化作用发生在死的有机物在水体中下沉经过的各个深度。就像磷一样，有些氮会在充分混合并有阳光照射的海洋表层迅速发生再循环。剩余的氮在黑暗的、更深的水体中缓慢发生再循环，并且在它们能被浮游植物重新吸收之前，必须等待这些水体的物理上升流。

陆地生态系统将一些氮以有机物和可溶性硝酸盐的形式泄漏到海洋中。泄漏到海洋中的大量的氮在河口和沿海大陆架的海洋沉积物中被反硝化。海洋中一些被固定的氮以有机物形式到达沉积物，其中大量的氮再次在沉积物中被反硝化。但是，有少量的氮因进入了新的沉积岩而损失。大气中有约 1.4×10^{20} 摩尔的 N_2，氮以每年 3×10^{11} 摩尔的速率被埋藏进入地壳，那么相对于移至地壳的去除过程，氮在大气中的停留时间约为 5 亿年。虽然这是一个很长的时间，但是在地球历史上，移至地壳的氮一定与地幔输入的氮和通过岩石风化再循环输入的氮保持了大致平衡。

地球的新陈代谢

由太阳能驱动的物质的全球生物地球化学循环改变了地球系统。这种由生物圈进行的能量转换和物质循环可以被看作地球系统的"新陈代谢"。它对地球生物圈的非凡生产力而言至关重要，就像单个生物的新陈代谢对它的健康生存是必不可少的一样。它使地球与它在生命诞生之前的状态以及与它的邻居行星（火星和金星）产生根本的不同。地球生物圈通过循环它所需要的物质，已经将自己引导到一个生产力更高的状态。在第三章，我们将讨论生物地球化学循环是如何自我调节的，以及它们是如何与地球气候结合的。

第三章

调　节

地球系统已经在地质时间尺度上维持了适宜生命生存的条件。这些条件包括平稳的全球温度、驱动光合作用的足够的大气中的二氧化碳，以及足够的生长养分。此外，至少在过去的 3.7 亿年里，大气中已有足够的氧气支持复杂的、可运动的动物生命，但氧气也不至于太多从而造成野火摧毁植被。本章将介绍地球系统的这些"主变量"的调节方式以及科学家是如何研究这种调节的。

基本概念

负反馈是所有调节机制的核心，它大体是一个因果联系的闭合回路，倾向于削弱回路中任何部分的扰动。当考虑物质——如海洋中的营养物，或大气中的二氧化碳或氧气——的调节时，我们需要将负反馈的概念（第一章已介绍）与库和通量的概念（第二章已介绍）联系起来。从基本意义上来说，为了调节物质库的大小，负反馈既可以作用于入库通量，也可以作用于出库通量。比如，随着一个库的增大，负反馈会增加出库通量，从而使其稳定下来。

　　一个将这种调节可视化的方法是使用浴缸比喻（图12）。浴缸有一个输入端（来自水龙头）和一个输出端（排水口下方）。在排水口开着的时候打开水龙头，浴缸里的水应该会达到一个稳定水位，该水位取决于你打开水龙头的大小，因为排水口的输出流量会随着浴缸中水量的增加而增加，这提供了一个负反馈。想象一下，如果排水口面积随着浴缸中水量的增加而增加，那就会提供一个更好的负反馈。但是，如果不管浴缸里有多少水，水都以恒定速率被抽走呢？那么就没有浴缸输出端的反馈控制了。要使这个系统稳定下来，就需要有浴缸输入端的反馈，通过调节水龙头来抵消水位变化——在水位上升时将水龙头关小，在水位下降时将水龙头开大。

　　浴缸比喻中的水可以代表任何物质的库，该物质不一定是水，甚至不一定是液体。正如我们将要看到的那样，

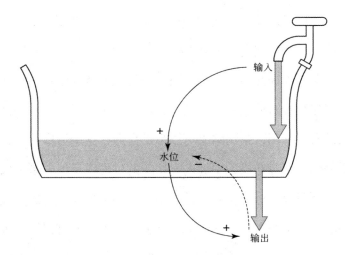

图 12. 调节的浴缸比喻。这里负反馈作用于库的输出端

地球系统中的实际调节有时涉及一个库的输入端的负反馈，有时涉及输出端的负反馈。

生物地球化学模型

为了尝试了解是什么在地质时间尺度上调节了营养物、氧气和二氧化碳，地球系统科学家建立了模型。这些长期的生物地球化学模型用一系列彼此之间有通量联系的盒子代表关键的库。建模者的任务是确定模型中的通量在哪里以及如何依赖库的大小，从而形成反馈——就像浴缸比喻一样。这些反馈通常是通过中间变量（例如温度）进行的，这些中间变量本身并不是物质库，但会受其影响。

在这类研究中，模型充当一种帮助理解的工具。它体现了建模者对他们所认为的世界运行机制的假设，并根据假设做出预测，预测结果可以依据可用数据进行检验。通常建模者通过在模型中加入一些新的过程或反馈关系（代表一个假设）进行实验，并观察它如何影响模型对他们试图解释的某些数据（观测）的预测。如果新的过程使结果偏离观测数据，那么该假设可能是错误的；如果它使结果靠近观测数据，那么该假设就继续存在。（事实上，事情有时比这更微妙，因为一个复杂反馈系统的模型就像现实世界，可以展现出令人惊奇的行为；几个同时进行的调节可能会使结果靠近观测数据。）

我读博期间同安德鲁·沃森（Andrew Watson）开发了一个这样的模型，以处理一类相互关联的问题：是什么调节了海洋的营养物平衡和大气的氧气含量。后来，我们与另一名学生诺姆·伯格曼（Noam Bergman）一起拓展了该模型，以考虑：是什么在地质时间尺度上调节了大气的二氧化碳含量和气候。由此产生的模型被称为 COPSE，

是建立在鲍勃·伯纳（Bob Berner）开创性的工作基础上
的。伯纳开发了一系列模型来理解长期碳循环和氧循环的
变化，所有这些模型的目标都是过去的 5.42 亿年。该时
期被称为显生宙——根据字面意思就是看得见生命的时
代，起始于动物的出现并见证了陆地植物的崛起。下面的
部分将概述我们试图解决的难题，以及在该模型的帮助下
我们学到了什么。

营养物调节

在海水中发现的必需营养物氮和磷的比率与海洋生物
所需的氮和磷的比率之间存在一个显著的对应关系。海洋
学家雷德菲尔德在 1934 年首次强调了这一关系，海洋生
物的平均氮磷比也被称为 "雷德菲尔德比率"，以示敬意。
通常，浮游植物的氮磷比为 16，而深海上升流的氮磷比
接近 15。因此，从一般生物的角度来看，海洋中的氮相
对于磷有轻微的不足。"雷德菲尔德困惑" 是为了解释是
什么造成了海洋成分和生物体成分之间的对应关系。它会
是偶然发生的吗？是生物简单地适应了环境条件吗？或者

是生物用某种方法调节了海洋成分以适应自己的需求？雷德菲尔德主张的是最后一种可能。

雷德菲尔德反馈机制的关键是固氮微生物的活动。固氮需要消耗大量能量（用于分裂氮气的三键），这意味着只要氮存在，固氮微生物就无法与非固氮微生物相匹敌。因此，当氮磷比小于16的深层海水被物理上翻到海洋表层时，它们所含的氮会被其他浮游植物消耗掉。但一般来说，当氮被耗尽时，还有一些磷会留下来。然后，固氮微生物就有机会利用剩余的磷来生长，并直接从大气中固氮。固氮微生物的活动增加了海洋中的固定氮，所以限制了自身的扩散。然而，生活在深海缺氧环境中的反硝化细菌的活动不断地去除固定氮，这使得一些固氮微生物可以作为海洋表层群落的一小部分继续维持生命。

结果是一个作用于海洋中氮的输入并使输入与输出保持平衡的负反馈机制。该反馈使海洋的氮含量能够追踪磷含量的变化，磷含量的变化可以受到诸如风化作用波动的驱动（图13）。如果向海洋输入的磷增加，那么固氮量就会增加，从而增加海洋的氮含量。如果磷的输入下降，那么固氮量就会减少，使反硝化作用降低海洋的氮含量。同

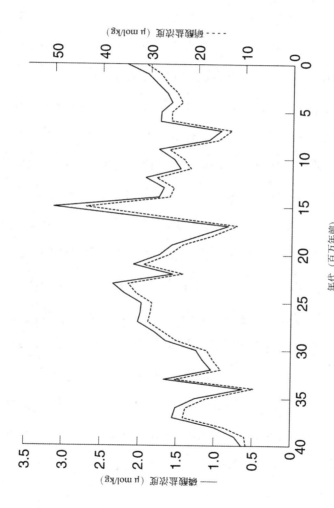

图 13. "雷德菲尔德"模型的结果，其中海洋的氮磷比受到对磷输入的大波动的响应的严格调节

样，海洋中磷去除量的变化也会引发海洋固氮量和氮含量的反向变化。因此，尽管氮通常是第一个在海洋表层被耗尽的营养物，但由于氮可以追踪磷的变化，因此磷被视为地质时间尺度上"首要的"限制性营养物。

海洋的磷含量也受到调节，但由作用于海洋中磷的输出的负反馈进行调节，因为通过河流进入海洋的磷无法为海洋中的过程所控制。如果向海洋输入的磷增加而导致磷浓度增加，那么氮含量、海洋生产力以及移入海洋沉积物中的磷就会增加。同样，如果磷的输入减少，就降低了海洋中的磷浓度，从而降低海洋表层生产力，并抑制磷向沉积物中的移动。这种负反馈并不完美，但它减轻了海洋营养物浓度的波动，使其小于海洋磷输入量的强烈波动。

营养物调节和大气的氧调节之间有密切的联系，因为营养水平和海洋生产力通过有机碳埋藏决定了氧的来源。然而，海洋营养物调节的时间尺度比大气氧调节的时间尺度短得多，因为海洋营养物的停留时间要短得多——氮约为 2000 年，磷约为 20,000 年。

氧调节

大气中的氧相对于进入地壳的过程的停留时间约为400万年（参见第二章）。这可能听起来很漫长，但比地球自耗氧动物出现起的大约5.5亿年还是短得多，也比自森林出现起的3.7亿年要短得多。森林易受氧气增加的影响，氧气增加使火灾的频率和强度增加。因此，不寻常的是，尽管所有的氧分子已经被替换了一百次以上，大气中的氧气含量仍然维持在适宜复杂的动植物生命生存的范围内。

事实上，氧含量的稳定性自森林在地球上扩张以来愈加显著。燃烧实验表明，当大气中的氧含量达到17%左右时，燃烧仅在天然燃料中自我维持。而在过去的3.7亿年里，存在几乎不间断的木炭化石记录，这表明氧含量从未下降到该水平以下。同时，氧含量也从未上升到使火灾强烈到足以阻止森林缓慢再生的水平。易燃性随着氧浓度的增加呈非线性增加，那么在氧含量超过25%—30%（取决于燃料湿度）的范围时，森林很难存活。因此，至少在过去的3.7亿年里，大气中的氧含量一直维持在17%—

30%。问题是：哪种负反馈机制可以解释这种显著的稳定性？

原则上，有两处可以发生稳定的反馈——有机碳埋藏产生的长期氧源或者氧化风化产生的长期氧汇。然而，在当今的富氧世界里，大陆上岩石隆起所暴露的大部分古老的有机碳都被氧化了。因此，大气氧浓度的微小变化对氧化风化的氧去除通量产生影响的余地很小。因而，必须存在这样一些机制，使有机碳埋藏产生的氧来源通量对氧浓度的变化是敏感的。

在当今世界，被埋藏的有机碳大约有一半来自海洋的初级生产，一半来自陆地的初级生产，但几乎全部都埋在海洋沉积物中。因此，寻找海洋中的氧调节机制是很自然的。当大气氧含量下降时，海洋中的氧含量也会下降。当海洋处于缺氧状态（缺乏氧气）时，更多的有机碳会被保存在沉积物中，起到增加大气氧含量的负反馈作用。这一机制涉及磷循环，在缺氧条件下，更多的磷从海洋沉积物中再循环回到海水中，这提高了海洋表层的生产力，增加了有机碳向深层沉降和埋藏的供应量。

这种基于海洋的调节机制有助于缓解大气中氧的减

少。然而，如果氧含量超过目前的水平，整个海洋就会被氧化，反馈就会停止。因此，我们必须转向陆地，寻找一种能抵消氧含量上升的敏感机制。火灾和植被是显而易见的候选者。由于火灾阻止植被生长，这减少了陆地有机物埋藏的供应，但趋于将磷从陆地转移到海洋，从而提高海洋的生产力。然而，海洋有机物的碳磷比远低于陆生植物，这意味着相同的全球磷供应所支持的海洋有机碳的埋藏量少于陆地，削弱了氧源。此外，当火灾抑制森林生长时，这减弱了森林对岩石风化的影响，从而降低了磷的输入，减少了有机碳的埋藏量和氧的产量。

将这些反馈机制囊括在一个生物地球化学模型中，它们就可以解释大气中氧含量的长期稳定性（图 14）。该模型预测，在过去 3.5 亿年中，大气中的氧含量维持在 17%—30%，这与木炭化石和森林的记录一致。模型还预测在植物出现之前，大气中的氧含量为 5%—10%，这是由较弱的磷来源（岩石风化较慢）和较低的碳磷埋藏率导致的。然而，该氧气含量对解释早期动物的存在而言仍然是足够的。在植物出现之前，海洋中的缺氧环境范围更大，模型表明，氧含量是通过基于海洋的负反馈机制保持稳定的。

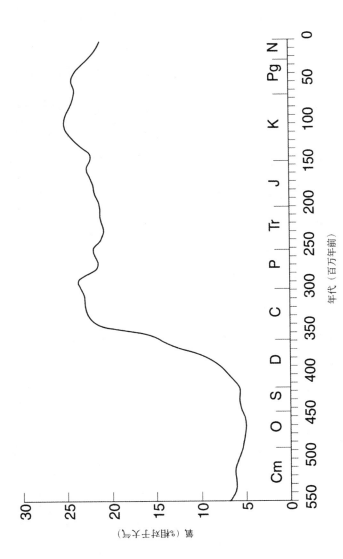

图 14. 显生宙时期大气中氧气的调节。结果来自 COPSE 模型

氧循环与长期碳循环密切相关。通过硅酸盐岩石风化作用的二氧化碳的主要去除过程是风化产生的磷的主要来源，而磷反过来又控制有机碳埋藏，进而控制氧来源。有机碳埋藏也是大气中二氧化碳的第二重要的汇。

长期二氧化碳调节

在最长的地质时间尺度上，大气中的 CO_2 浓度受到硅酸盐风化对大气中的 CO_2 和全球温度依赖的调节。我们在第一章遇到过这个重要的负反馈机制（图 3）。简要回顾一下，硅酸盐风化速率随 CO_2 浓度和温度的升高而增大。因此，如果某个过程倾向于增加 CO_2 浓度或温度，那么硅酸盐风化所增加的 CO_2 去除量就会抵消该作用。同样，如果某个过程倾向于降低 CO_2 浓度或温度，那么硅酸盐风化去除的 CO_2 就会减少。在当今世界，这种至关重要的反馈很大程度上受到陆地植物和与之相关的菌根真菌的控制。植物对 CO_2 和温度的变化很敏感，它们和真菌伙伴一起，大大提高了风化速率（如第二章讨论的）。其产生的负反馈机制比没有陆地生命存在时的负反馈机制更强。

　　长期碳循环模型包括该反馈以及导致 CO_2 变化的多种地质和生物驱动因素。例如，据估计，来自火山和变质过程的大气中的 CO_2 来源已经随着板块构造的变化而波动，CO_2 的汇已经随着大陆隆升和易风化的玄武岩向陆地喷发的变化而波动。不过，大气中的 CO_2 在显生宙时期最显著的变化是由植物在陆地上生长造成的。这开始于大约 4.7 亿年前，并随着 3.7 亿年前第一片森林的出现而加速。由此导致的硅酸盐风化加速据估计已经使大气中的 CO_2 浓度降低了一个数量级（图 15），并在石炭纪和二叠纪使地球冷却进入一系列冰期。

短期二氧化碳调节

　　硅酸盐风化反馈倾向于在数十万年的时间尺度上稳定大气中的 CO_2 和全球温度。然而，地质扰动——例如大规模火山喷发或富含有机质的沉积物的突然变质作用——偶尔会向大气中增加过量的 CO_2，速度比硅酸盐风化快得多，胜过了负反馈作用。人类活动现在也以前所未有的速

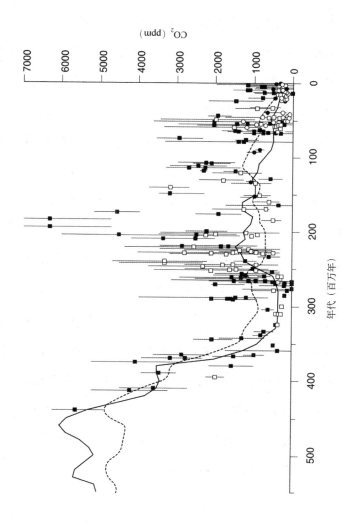

图 15. 显生宙时期大气中的 CO_2 的变化。代用数据（带有误差范围的点）和模型预测结果（GEOCARB II 模型——实线；COPSE 模型——虚线）的汇总

度向大气中增加 CO_2。令人高兴的是，还有一系列其他的负反馈机制可以在较短的时间尺度内调节大气中的 CO_2。

在几年到几百年的时间尺度上，增加到大气中的过量 CO_2 开始被海洋和陆地生物圈吸收。大约一千年以后，出现了一个短暂的平衡：增加的 CO_2 被分配到海洋、大气和地表。在千年的时间尺度上，增加的 CO_2 中至少有 15% 留在大气中。最初增加的 CO_2 越多，这一比例就越大，因为溶解在海洋中的 CO_2 使海洋酸化，降低了海洋储存碳的能力。

这反过来激发了一种被称为"碳酸盐补偿"的负反馈机制，它倾向于在大约一万年的时间尺度上从大气中去除更多增加的 CO_2。在该机制中，酸化的海水易于溶解与其接触的碳酸盐沉积物，从而提高碳酸盐补偿深度（简称 CCD）。重要的是，碳酸盐沉积物含有的碱度与碳的比例为 2 : 1，而海洋中的碱度影响它储存碳的能力。因此，碳酸盐沉积物的溶解作用为海洋增加了比碳更多的碱度[1]，使其能够从大气中吸收更多的 CO_2。

1　注意碳酸盐沉积物中碱度与碳的比例为 2 : 1。

同时，大气中过量的 CO_2 会通过升温和使雨水酸化来加速陆地上的碳酸盐岩石风化过程。这增加了海洋碱度的供给，进一步提高了海洋储存 CO_2 的能力，这再次提供了一个大约一万年时间尺度的负反馈。最终，碱度的再补给使碳酸盐沉积物在海洋深处再沉积——CCD 再次加深，碳酸盐循环重新找到一个平衡。所有这些都结束后，最初增加的 CO_2 中有一小部分留在大气中，并在几十万年内被硅酸盐风化反馈去除。

一个历史事例

我们能在地质编录中看到任何二氧化碳和气候调节的例子吗？对碳循环较大的自然扰动是相当罕见的，但在地质编录中有几个例子，其中一个距今较近的例子发生在 5580 万年前的古新世和始新世交界之时。这个被称为古新世–始新世极热（简称 PETM）的引人注目的变暖事件，提供了一些关于我们未来可能对气候造成的影响以及需要多长时间恢复的重要线索。

没有人完全确定是什么导致了 PETM，但我们知道大气中被注入了数万亿吨碳，可能是由火山侵入古老的化石燃料库引起的，而海洋沉积物下面的冰冻甲烷水合物退稳也对此有所补充。碳似乎是在相隔两万年的两个短时期内被注入大气的。全球温度在两万年内上升了大约 5℃，并保持了大约 10 万年的高温。海洋酸化导致碳酸盐沉积物大范围溶解，CCD 的上升高达两千米。碳循环和气候用了大约 20 万年才完全恢复。

从 PETM 缓慢恢复过来的时间与硅酸盐风化反馈的时间尺度一致。它警醒我们：尽管碳循环中有多种调节反馈，但它们可能会不堪重负。因此，人类化石燃料燃烧活动预计将留下相似时长的气候后遗症。

生物地球化学气候反馈

尽管二氧化碳在地球历史上的气候调节中发挥了根本作用，但也存在其他关键因素。特别是地球反照率或反射率的变化会对地球温度产生很大的影响。

云对决定地球反照率至关重要。虽然云在我们看来完全是物理事物，但云会受到生物的影响，因为云水需要凝结在某种物质上。多种生物气体产生气溶胶粒子，进而形成成核位置，水汽在其上凝结成云。特别是海洋浮游植物释放出一种被称为二甲基硫（简称 DMS）的气体，这是当今遥远和无污染地区海洋上空的云凝结核（简称 CCN）的主要来源（在人类工业污染以前，DMS 作为凝结核的全球来源更为重要）。增加云中 CCN 的数量会使等量的水分配到数量更多的小水滴中，使云变得更白——意味着云反射更多的阳光。CCN 的这种生物生产使地球温度降低了几度。

认识到 DMS 是 CCN 的一个主要来源后，鲍勃·查尔森（Bob Charlson）、洛夫洛克（Jim Lovelock）、安迪·安德烈（Andy Andreae）和史蒂夫·沃伦（Steve Warren）提出了一个气候反馈，就是众所周知的以四位作者姓的首字母命名的 CLAW 假说（图 16）。他们认为，如果某个过程增加了温度或海洋表层的入射阳光，就会增加生物产生的 DMS 量，从而产生更多能将阳光反射回太空的具有反射性的云，使地球再次冷却。在一个没有污染的、前人类的世界里，这种负反馈也许是一个重要的短期气候调节器。然而，如果温度过高，海洋表层就会开始分层，抑制下层

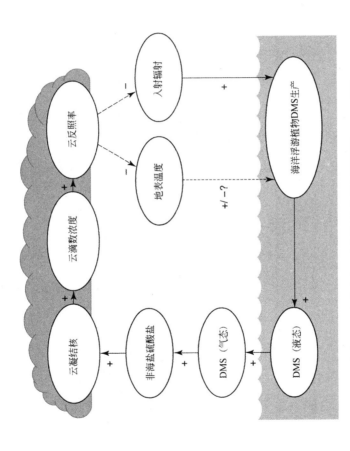

图 16. 二甲基硫（DMS）的生产、云反照率和气候之间反馈的 CLAW 假说

营养物向表层供应，从而限制了生物生产量和 DMS 产量。这使温度反馈的符号由负转为正，从而放大了气候变化。

事实上，其他几种生物地球化学气候反馈是正反馈，而不是负反馈。与大多数生物过程相似，生物"温室"气体二氧化碳、甲烷和氧化亚氮的产量都随温度升高而增加。因此，如果某个过程使温度升高，这些气体的来源就趋于增加，从而进一步使温度升高。这些正反馈作用于因各种物理机制而已经处于总体正反馈状态的物理气候系统。特别是最重要的温室气体——水汽，其浓度随着其他温室气体引起的变暖而增加，从而放大了它们的作用。

地球的气候调节有多好？

上文涉及的例子表明，虽然地球的气候系统至少包含一种长期的稳定机制，但也包含较短期的稳定和不稳定反馈的混合机制。生命的长期存在表明，气候在大的范围内受到调节，但雪球假说（第一章已介绍）表明，气候调节有时会灾难性地失效。那么，一个关键问题是：当前的气候系统有多稳定？近期发生的气候变化的记录为问题的答案提供了一些有用的线索。

在过去的4000万年里，地球一直在变冷，以至在大约250万年前，北半球开始了冰期旋回。最初这些冰期有一个大约4.1万年的周期（与地轴倾斜角度的周期性波动有关），但在最近的100万年里，冰期变得更长、更深，有一个大约10万年的周期（图17）。这些近期的冰期旋回提供了一个很好的例子，说明地球作为一个整体系统运作，并且该系统很明显对地球轨道的细微变化非常敏感，系统内部的反馈控制着它的行为。冰芯记录显示，气候和碳循环的波动是同步的，变暖的时期也是二氧化碳、甲烷和氧化亚氮浓度上升的时期（变冷则相反）。在每个冰期结束时，大气中的二氧化碳和温度之间的正反馈足够强烈，以至于气候可能暂时进入"失控"状态，使整个地球从冰期状态突然转变为间冰期状态。

当我们考察上一个冰期的短期气候波动时，这种不稳定的感觉就加强了。气候变化反复发生，速度快得令人难以置信，其影响程度至少是半球性的。随着末次冰期结束，这些气候突变的记录成了更突出的焦点，记录表明，格陵兰在不到10年时间内的变暖高达10℃。这强化了当

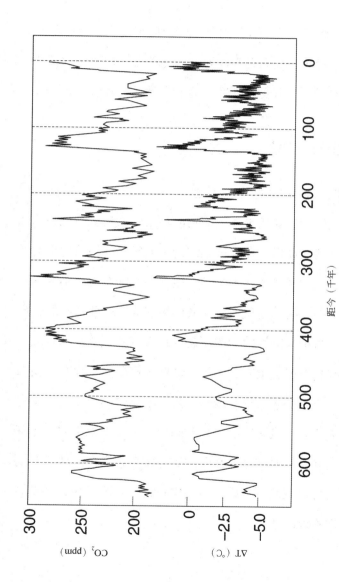

图 17. 南极冰芯记录的大气中的 CO_2 变化和温度变化（重新标度以表示大致的全球温度变化）

前的气候系统至少在相对较短的时间尺度上异常不稳定的
观点，由此为我们思考作为一个物种去改变地球的各种活
动提供了一个重要的背景（参见第五章至第七章）。

变化中的稳定性

地球系统中的关键变量——海洋氮和磷，以及大气
中的氧气和二氧化碳——受到涉及生物的负反馈机制的调
节。这些反馈已经在地球上维持了数亿年的相当稳定的状
态了。这种系统意义上的稳定性并不意味着恒久不变——
变化着的生物和地质驱动因素已经造成了地球系统的长期
变化。特别是陆地植物的崛起导致大气中氧的增加以及二
氧化碳和温度的下降。不过，这些变化要比在没有负反馈
的情况下小得多。虽然地球气候在地质时间尺度上是稳定
的，但有证据表明它在较短时间尺度上是不稳定的，尤其
在接近现在的时间里。在介绍了有着复杂生命的地球系统
如何进行自我调节之后，第四章将讨论创造了地球系统的
一些根本性的变化。

第四章

变　革

今天的地球系统是如何变得与我们的邻居行星——火星和金星——截然不同的？这是一个很大的问题，但生命的存在显然是答案中很大的一部分。在过去几十年里，我们在理解地球作为一个系统的发展以及地球如何与生命进化相结合的方面取得了显著的科学进展。地球系统科学家现在就生命和行星的耦合进化进行思考，认识到生命进化已经塑造了行星，行星环境的变化也塑造了生命，它们放在一起可以被看作同一个过程。当我们审视地球历史上的这种"协同进化"时，鲜有让地球系统彻底改变的革命性的变化引起我们的注意。每一种革命性的变化都依赖于前一个变化，而没有这一系列的变化，我们就不会出现在地球上。本章将深入探究地球历史，介绍这些变革。

证据

要理解这一传奇故事背后的科学，我们要感激它背后来之不易的证据。证据的关键来源是仍然暴露在地表的古老岩石。特别有价值的是从古代海洋中沉积下来的沉积岩，而来自古代陆地表面的土壤偶尔也会被保存下来，两者都能提供关于过去海洋和大气成分的线索。许多线索都以沉积物中元素的比例及其同位素组成的形式被记录下来。古老的沉积物可能也含有在地球历史的大部分时间里很罕见且只有通过显微镜才能看见的化石。非常少的沉积物含有富含有机物的油类，这些油可以产生被称为生物标记的"分子化石"。这些特殊的有机化合物只能由一小部分生物制造，因此能揭示这些生物的存在。

生命的历史也记录在现在活着的生物的遗传密码中。当我们对比遗传密码时，生物之间的基因差异程度可以用来重建一棵表明不同谱系从一个共同祖先中分离出来的顺序的"进化系统树"。如果我们对进化系统树有信心，并对树的不同分支的基因突变率有所了解，那么它也可以变成一个"分子钟"。这利用了生物之间的基因差异程度——

基因组中不受选择影响的非编码部分——来确定它们的谱系多久以前从一个共同祖先中分离出来，也就是进化系统树不同分支的长度（时间上的）。分子钟根据距今相对较近的化石记录得到校准，然后可以用来外推缺乏化石记录的更早的时间。早期分子钟估计方法的误差棒很大，以至于它告诉我们的关于远古生命谱系起源时间的线索非常少。然而，该方法的改进正在产生更精确的时间估计结果，与稀缺的化石记录相比，估计结果似乎也更准确。

深时

为了理解地球系统的历史，我们需要抓住深时——在数十亿年的过程中发生的事件。这意味着要把我们对时间的认知从日常生活转变为地球系统的地质过程。这可能令人相当迷惑，作为首次面对它的人之一（由他的朋友詹姆斯·赫顿［James Hutton］介绍），约翰·普莱费尔（John Playfair）评论道："看了那么遥不可及的时间深渊，头都晕了。"为了帮助我们走完这个过程，我将按时间顺序讲述故事，并在时间线上对事件进行排序（图18）。地球科

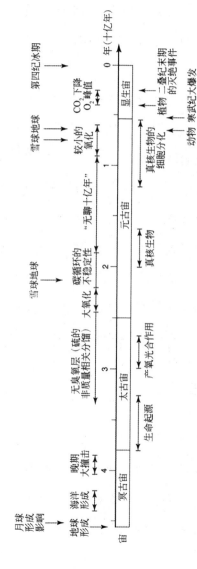

图 18. 地球历史的时间线，显示环境（线上方）和生命历史（线下方）中的关键事件

学家用缩写 Ga 表示数十亿年前，用 Ma 表示数百万年前。他们首先将地球历史划分为四个宙：冥古宙、太古宙、元古宙和显生宙。

加深对地球历史理解的关键是准确确定岩石年代从而建立关键事件时间顺序的能力。这使科学家能够按照时间顺序排列我们已有的证据，并开始推断因果关系。放射性定年法利用不同的长寿命同位素的放射性衰变的原理。最广泛应用的技术是铀-铅年代测定，该方法测定在古代岩石中发现的常见矿物锆石的微小颗粒。这项技术可以利用这样一个事实：铀有两种不同的长寿命同位素，它们会衰变成两种不同的铅同位素。这样就能够对年代测定进行反复检查，得到相当精确的年代估计结果。

地球的起源

我们的时间线从太阳系的形成开始。这追溯到 45.67 亿年前最古老的陨石物质。地球和其他行星要比这年轻，因为它们必须由围绕早期太阳旋转的物质的引力碰撞和积累形成，这一过程被称为吸积。在地球吸积的过程中发生了几次真正的大规模碰撞，最近的一次被认为是在44.7亿年前形成了月球。一个名为忒伊亚（Theia）的物体（以月亮女神塞勒涅［Selene］之母命名）与地球相撞，喷射出大量物质，这些物质逐渐增长形成月球。我们对此相当肯定，因为月球的密度没有地球大，这表明月球缺少一个富含铁的核心。

此时地球仍在形成，但气态巨行星木星和土星已经完成了吸积过程。它们的引力扰乱了火星和木星之间的小行星带，将其中一些小行星送入了穿越内太阳系的椭圆轨道。至关重要的是，这给早期地球（以及火星和金星）带来了水和其他挥发性物质，包括氮和二氧化碳。值得注意的是，那个时候的地壳的一些细小物质仍然以锆石颗粒的形式存在于今天的地表。最古老的有43.74亿年历史，最初是花岗岩的一部分，这表明陆壳在地球历史的前一亿年里就开始形成了。锆石中氧的同位素组成也表明，当时地球上存在大量液态水。

然而，来自外层空间的攻击并没有结束。地球和整个内太阳系都受到了由小行星造成的"晚期大撞击"。这是通过测定由阿波罗任务从月球带回的撞击熔岩的年代揭示的，结果显示，年代集中在 41 亿到 38 亿年前的范围内。计算机模拟表明，晚期大撞击可能是木星和土星轨道之间的共振引起的，使小行星从椭圆轨道偏转到内太阳系。撞击的某些影响大到足以使早期海洋蒸发而暂时使地球处于不适宜居住的状态（或接近这种状态）。

生命的起源

地球系统历史上最根本的变化是生命的起源。地球上的生命的第一个初步证据是在大约 38 亿年前晚期大撞击结束后不久出现的。它以有机碳形成的石墨微粒的形式出现在一些最古老的沉积岩中。第一批公认的微观生物化石大约有 35 亿年历史。它们看起来像细菌，但并不是每个人都确信该化石结构是由生物构成的。第一个被广泛认可的生命证据是有 32.6 亿年历史的微体化石，它们在细胞分裂过程中明显捕获了细菌。

那么，是什么供养了早期的生物圈呢？最早的生命形式可能消耗了环境中可以发生反应释放出化学能的化合物。然而，化学能的供应通常很小，除非在诸如洋中脊附

近的深海热泉等的特殊环境中。因此，全球范围内的化学
能短缺将限制生命的生产力。有一种可能是早期古菌消耗
大气中的氢气和二氧化碳来制造甲烷，但是这种以产甲烷
菌为基础的生物圈的生产力会被限制在现代海洋生物圈生
产力的千分之一左右。

当早期生命开始利用地球上最丰富的能源——太阳
光时，一个生产力更高的全球生物圈就出现了。在生命历
史上，从大气中固定二氧化碳的光合作用很早就进化形成
了。有 38 亿年历史的石墨含有一定比例的具有光合作用
产物特征的碳同位素。一些科学家认为，有一些非生物方
法可以产生具有这种同位素特征的石墨。然而，35 亿年
前，最早的碳酸盐沉积物具有一种 $\delta^{13}C$ 特征，表明存在
显著的全球有机碳埋藏，而这必须有光合作用的支持。

最早的光合作用并不是我们所熟悉的那种将水分解
并把氧气作为废物排放出来的类型。相反，早期光合作用
是"不产氧"的——它不产生氧气。它可能使用一系列化
合物代替水作为电子的来源，通过电子从二氧化碳中固定
碳并将其还原为糖类。潜在的电子给体包括大气中的氢气
（H_2）和硫化氢（H_2S），或溶解在古代海洋中的亚铁离子

（Fe^{2+}）。所有这些物质都比水更易提取电子。因此，它们需要的太阳光子更少，光合作用的机制也更简单。生命的进化系统树证实，几种形式的不产氧光合作用在很早以前就进化形成了，远早于产氧光合作用的出现。

再循环的起源

由不产氧光合作用供养的早期生物圈会受到电子给体供给的限制，所有电子给体都比水少得多。事实上，物质的短缺会给早期地球系统中的生命带来更普遍的问题。让我们回顾从当前的火山和变质过程进入地球表层系统的物质通量（图 6）。它们比由当前的地表生命引起的物质通量低很多个数量级，表明当今的生物圈是一个非凡的再循环系统。

早期生命面临的挑战是演化出新陈代谢所需的物质再循环的方法，换言之，就是建立全球生物地球化学循环。我们对该过程的发生方式和发生时间的记录很少，但有几条线索表明，它在生命历史的非常早的时期就出现了。值得注意的是，海洋碳酸盐沉积物的碳同位素记录告诉我们，早期生物圈的生产力是相当高的，因为太古宙地球中以沉积物中的有机物质形式沉积的碳与无机碳酸盐的比例与今天非常相似。此外，原核生物的进化系统树表明，诸如甲烷产生等的许多再循环新陈代谢过程很早就进化形成了。进化形成再循环的难易程度也通过在计算机模型中播种"人工生命"并让其进化得到了探究。在这些"虚拟世界"中，物质再循环回路闭合的出现是一个鲁棒性很强的结果。

　　如果早期生物圈是由看似合理的以氢气为基础的不产氧光合作用供养的，那么一个关键的再循环过程就会是氢气的生物再生。计算表明，一旦这种再循环过程进化形成了，那么早期生物圈的全球生产力也许可以达到现代海洋生物圈的 1%。如果早期不产氧光合作用利用海洋中上涌的还原性铁作为供给，那么它的生产力就会受到海洋环流的控制，其生产力可能达到现代海洋生物圈的 10%。

产氧光合作用的起源

　　提高早期生物圈生产力的创新方法是利用丰富的水作

为电子给体的产氧光合作用。这并不是一个容易进化形成的过程。水的分解比任何早期的不产氧形式的光合作用都需要更多能量，即更多的高能太阳光子。进化的解决方案是将两个现存的"光系统"连接在一个细胞中，并在它们的前部拴上一种非凡的、能将水分子撕裂的生化机制。结果是出现了第一个蓝细菌细胞——当今地球上所有进行产氧光合作用的生物的祖先。

目前的证据表明，产氧光合作用花了10亿年才进化形成。第一个令人信服的证据出现在30亿到27亿年前。确凿的证据是氧气泄漏到环境中并与对氧气高度敏感的金属发生反应的化学证据。例如，钼通过与氧气反应，从大陆岩石中脱离出来，并在27亿年前首次出现在海洋沉积物中。一旦产氧光合作用进化形成，生物圈生产力就不再受到光合作用底物供应的限制，因为水和二氧化碳很充足。营养物（特别是氮和磷）的可用性反而成为生物圈生产力的主要限制因素，今天仍然是这样。

一旦地球有了氧气的来源，人们就会倾向于设想大气中的氧气浓度会稳定上升，有点像往塞着塞子的浴缸里注水。但大气中的氧气浓度并没有迅速或稳定地上升。相反，它在数亿年中一直是一种痕量气体。我们之所以知道这一点，是因为硫同位素的一种非常奇特的"非质量相关分馏"（简称 MIF）特征保存在沉积物中超过了 24.5 亿年。这种 MIF 特征仍然可以通过当今大气中的含硫气体的光化学反应产生，但它不能保存在今天的沉积物中，因为所有的硫首先要经过海洋中的硫酸盐均质库。在 24.5 亿年前，由于缺乏产生硫酸盐的氧气，该硫酸盐库一定不存在。MIF 特征表明，高能紫外线（UV）辐射穿过低层大气，因此臭氧层不存在，这就要求大气中的氧气（臭氧由此产生）浓度低于 2 ppm[1]。

氧气能够在数亿年间保持如此低的浓度，是因为存在过量的还原性物质的输入通量，这些还原性物质很容易与氧气反应，包括从洋中脊注入海洋的还原性铁，以及还原性气体，如通过火山进入大气的氢气和硫化氢。它们与氧气的反应速率随氧气浓度增加而增加，从而产生了一个负反馈系统。负反馈使氧气浓度稳定在一个（低）水平，此时氧气的源和汇达到平衡。将浴缸比喻用在大气中的氧气

1　符号 ppm 表示百万分率（parts per million）。

上：浴缸塞子被拔掉，而且塞孔很大，这为氧气创造了一个低而稳定的水平。

大氧化

这种稳定在数亿年之后就崩溃了，大气中的氧气浓度在24亿年前的被称为"大氧化"的事件中快速上升（图19）。硫同位素的 MIF 停止了，表明氧气浓度已经足够在所有硫在海洋沉积物中沉积之前将其转化为硫酸盐。MIF特征此后从未恢复的这一事实表明了臭氧层的永久形成。氧化性铁的大量沉积首次以"红层"沉积的形式出现。铁锈（氧化性铁）也首次出现在古代土壤中。这些迹象表明，氧气浓度增加了几个数量级，从目前大气中氧气浓度的不到十万分之一上升到 1%—10%。氧气上升的迹象保持到现在，表明这种大氧化从未逆转过——尽管近期的一些研究表明，在之后的元古宙，氧气浓度可能下降到目前水平的 0.1%。

虽然大氧化最终归因于产氧光合作用的出现，但地球系统中一定有其他长期变化缓慢地使地球表层系统发生了

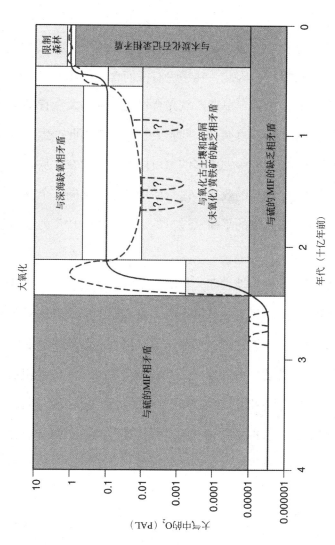

图 19. 地球历史上大气中的氧气

氧化。其中最基本的是氢原子向太空流失。这在当今的地球上是一个微小的通量,因为水在对流层和平流层之间的"冷阱"被冻结[1],因此,几乎没有任何含氢气体能够到达大气层顶端。然而,早期产氧光合作用产生的大量有机碳以甲烷的形式得到再循环,回到大气中。在由此产生的富含甲烷的早期大气中,更多的氢可以逃逸到太空,从而产生了氧化地球表层的效果。这驱使地球系统走向一个临界点——大气输入物的平衡从过量的还原性物质转变为过量的氧气。

大氧化的突发性表明,当时一个强烈的正反馈过程开始生效,并推动了氧气浓度上升。臭氧层的形成对这一转变至关重要,因为它暂时抑制了氧气消耗。紫外线辐射催化氧气与甲烷的一系列反应,二者结合生成二氧化碳和水(从而逆转了生物圈产生氧气和甲烷的过程)。在没有臭氧层的情况下,这种去除氧气的过程快速而高效。但是一旦积累了足够的氧气使臭氧层开始形成,就会保护臭氧层下

---

1 由于臭氧层的存在,现在的大气稳定地存在一个温度极低的对流层顶,大部分水汽通过对流层顶时被冻结,只有极少量水汽能进入平流层及更高层大气。

方的大气免受紫外线辐射，并暂时减缓氧气的去除速度。
更多的氧气会产生更多的臭氧，导致通过大气的紫外线辐
射更少，并在一个正反馈过程中进一步抑制氧气的消耗。
模型表明，这种正反馈足够强，以至于可以暂时进入"失
控"状态，使氧气浓度快速上升。然而，地球系统不久就
会在更高的氧气浓度水平上，随着氧气的源和汇的再次平
衡而再次稳定下来。

当氧气浓度在大氧化中跃升时，大气中的甲烷浓度
下降，减缓了地球的进一步氧化。甲烷浓度的下降有助于
解释为什么当氧气浓度上升时会出现一系列冰川作用。在
22 亿年前，其中一次冰川作用到达了赤道附近的低纬度
地区，这可能是第一次雪球事件。紧随大氧化之后的是一
次被记录在碳同位素中的有机碳埋藏的大脉冲。这可能是
由于增加的氧气与大陆岩石中的硫化物发生反应，生成硫
酸，从岩石中溶解出磷，促进了海洋生产力。要是这样，
这就促进了向更加富氧的世界的转变。到了 18.5 亿年前，
不稳定的碳循环和气候已经稳定下来，地球进入了一个长
期的稳定时期，被戏称为"无聊十亿年"。

真核生物的起源

大氧化的混乱创造了一个更有益于好氧（利用氧气）生命形式的世界。在氧化后的世界里有更多能量供应，因为有机物与氧气的呼吸作用产生的能量比厌氧分解食物产生的能量多一个数量级。在利用这一能量来源的生物中，出现了第一批真核生物，它们具有由细胞核和许多其他不同成分组成的复杂细胞。

真核生物与它们之前的原核生物有很大的不同，但它们有一部分也是由曾经独立生存的原核生物构成的。真核生物细胞中的能量工厂线粒体，曾经是独立生存的好氧细菌；而植物和藻类细胞中发生光合作用的质体，曾经是独立生存的蓝细菌。这些细胞成分是在古代与细菌共生结合的过程中获得的。产生线粒体的共生体为真核细胞的祖先提供了充足的能量来源。真核生物也重新排列了它们复制遗传信息的方式——平行复制许多染色体，而原核生物则在一个长链条中复制它们的 DNA。这些革新让真核生物能够比原核生物表达更多的基因，最终使它们有能力创造具有多种细胞类型的更复杂的生命形式。

　　真核生物的起源充满了神秘感和争议性，因为生物学家对于是什么标志着这一谱系的开始以及是什么构成了真核生物的化石证据存在分歧。最早声称的 27 亿年前真核细胞的生物标记证据，现在被认为受到更年轻物质的污染。一些有 25 亿年历史的神秘的"疑源类"化石可能是早期真核生物的休眠阶段，但这个名字本身就意味着它们"令人困惑的起源"。一些肉眼可见的有 19 亿年历史的螺旋化石可能是真核藻类（被称为卷曲藻［*Grypania*]），但也可能是群体蓝细菌。分子钟表明，所有真核生物的最后一个共同祖先生活在 18 亿到 17 亿年前。

　　真核生物只是缓慢地实现了它们建立更复杂的具有分化细胞类型的生命形式的能力。地球中年期（元古宙）的大部分化石都是相当神秘的疑源类。更罕见的真核生物实体化石包括有 15 亿年历史的可能是一种真菌的 *Tappania*，以及有 12 亿年历史的 *Bangiomorpha pubescens*，根据现代分类规则，这是一种多细胞红藻（海藻）。

　　研究人员仍在对是什么阻碍了"无聊十亿年"间复杂生命的进化感到困惑，但许多人认为环境约束起着关键作用。在元古宙的大多数时间，海洋表层由原核生物主导，深海是缺氧（缺乏氧气）的。在海洋中间深度，有一些缺氧的水变成了"死水"，这意味着水中的硫酸盐被还原成了对许多真核生物有毒的硫化氢。元古宙海洋的特殊化学作用还从海洋中去除了诸如钼等的几种痕量金属。钼在今天被广泛用于固氮，因此如果没有钼，海洋中的可用氮就可能会短缺。

新元古代大波动

最终，这一僵局在新元古代（10亿到5.4亿年前）被打破，这一时期见证了一段气候波动、深海氧化和第一批动物的出现。最初的变化迹象开始于大约7.4亿年前，当时藻类的生物标记在海洋沉积物中变得越来越普遍，真核生物化石的多样性也开始增加。这使得从海洋表层到深海的碳生物泵的效率更高。尽管我们没有化石证据，但可以想象的是，真核真菌、藻类和地衣（前两者的共生体）可能是早期陆地生态系统的一部分。

同时，板块构造破坏了罗迪尼亚超大陆，并以一种特殊的形态分散了由此产生的大陆块，大部分陆地在热带地区。这可能产生非常高效的由生物作用增强的大陆硅酸盐风化作用，转而减少了大气中的二氧化碳，并使地球降温。不知何故，气候变得如此寒冷，以至于在大约 7.15 亿年前触发了一次极端冰川作用——斯图特冰期。冰川作用到达赤道地区，表明这是一个雪球事件。该冰川作用持续了数千万年，这与积累融化冰所需的足够的二氧化碳的时间一致。

气候大波动并没有就此结束。第二个极端冰川作用——马里诺冰期——被触发，它结束于 6.35 亿年前。随之而来的是碳酸盐岩石的大量沉积，被称为"碳酸盐岩盖"，又一次符合雪球理论（参见第一章）。在雪球地球的极热和极潮湿的余波中，风化作用以令人吃惊的速度发生，向海洋提供钙离子和镁离子，它们与大气和海洋中过量的二氧化碳结合，产生大量的碳酸盐沉积物。

也许，关于这些极端冰川作用的最大谜团是复杂生命的祖先是如何生存下来的。生物标记和分子钟证据表明，海绵形式的简单动物在那时已经进化形成，它们与多细胞藻类和真菌一同存在。然而，复杂生命直到冰川作用之后才繁荣起来。首先，除了藻类和真菌之外，还有一些被认为是动物胚胎的化石。然后，第一个大型生物化石群——
"埃迪卡拉生物群"——出现在大约 5.75 亿年前。尽管它
们的生物学亲缘关系存在争议，但其中至少有一些可能是
动物。数千万年之后，随之而来的是在沉积物中出现的以
及在水体中作为浮游动物出现的可运动的食草动物。

　　是什么引发了这次动物进化的爆发？相对较大的、可
运动的动物相比于固着生物（包括早于它们出现的海绵动
物）需要更多的氧气。有趣的是，部分深海增氧的首个证
据出现在 5.8 亿年前，稍早于深海埃迪卡拉化石群的出现。
然而，在此前的 10 亿多年里，浅海水域一直有氧气存在。
可能是生物进化引起海水增氧，而不是海水增氧引起生物
进化。通过提高从水体中去除碳和将磷转移到沉积物中的
效率，海绵动物和藻类的出现可能使海洋增氧，从而改善
了正在进行的动物进化的条件。生物复杂性的变革在 5.4
亿到 5.15 亿年前动物多样性的"寒武纪大爆发"中达到
顶峰，海洋中的现代食物网也在那时建立起来。

　　这标志着现代世界的诞生。从那以后，地球系统最根
本的变化是在大约 4.7 亿年前，陆地植物开始出现（第三
章所讨论的），并在 3.7 亿年前的第一批全球森林中达到

顶峰。这使全球光合作用翻了一番，增加了物质通量。陆地表面化学风化的加速降低了大气中二氧化碳的浓度，并增加了大气中氧气的浓度，使深海充分增氧。自复杂生命出现以来，发生了几次大规模灭绝事件。2.52 亿年前二叠纪末期的灭绝事件，是规模最大的一次，使地球系统回到早期状态，臭氧层出现损耗，海洋大范围缺氧。然而，尽管生物灭绝这颗骰子的滚动标志着进化过程中胜者和败者的深刻变化，但并没有从根本上改变地球系统的运行。

共同特征

地球系统历史上发生了三次革命性的转变：生命和生物地球化学循环的开始、产氧光合作用和大氧化的出现，以及新元古代环境大波动中复杂生命的诞生。这些变革有着共同的特征，是由罕见的演化革新引起的。它们涉及能量捕获和经过生物圈的物质流的逐步增加，同时伴随着生物组织和信息处理复杂性的增加。它们依赖于地球系统的一些不稳定性，这样新的代谢废物可能会引起气候和生物地球化学循环的灾难性剧变。只有当盲目的进化能够再次关闭生物地球化学循环，使废物得到再循环并为地球系统建立一个新的稳定状态时，灾难性剧变才会结束。第五章将审视我们人类能否开启地球系统的新的革命性变化。

第五章

人类世

地球系统会因为我们人类作为一个物种的活动而处于另一种革命性变化的边缘吗？我们人类是最近进化的产物，但我们已经在全球尺度上改变了地球。对人类目前是地球系统的一个关键组成部分的认识包含在布雷瑟顿图（图5）中。最近，"人类世"这一术语被创造出来，用以描述人类活动在全球尺度上改变地球系统的一个新地质世。对于人类世是否真是一个新地质世，以及如果是的话，它在何时开始，存在很多争论。本章将通过追踪时间线上的关键事件（图20），介绍地球系统的变化是如何塑造人类进化的，以及我们继而是如何改变地球系统的。

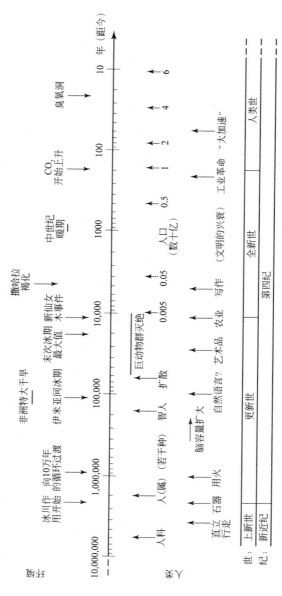

图 20. 对数尺上的人类进化与环境变化对应的时间线

环境先决条件

人类进化有几个环境先决条件。最明显的也许是富氧的大气，因为我们的大脑特别需要能量，如果空气中的氧分压下降三分之一左右，大脑功能就开始受损。然而，我们从连续的木炭化石记录中得知，在过去的 3.7 亿年里，大气中的氧含量一直维持在 15% 以上，因此氧气缺乏并没有阻碍我们的进化。相反，由足够的氧气引发的火灾有助于形成一种混合的草原环境，我们的祖先在该环境中进化，而火后来成为早期人类的一个重要工具。

虽然草原现在覆盖了地球大约三分之一的具有生产力的陆地表面，但它们在地质上却是近期的产物。在过去的4000 万年里，草是在大气中的二氧化碳减少、气候变冷和变干的趋势下进化形成的，并且它们在大约 1700 万年前和 600 万年前的中新世的两个阶段才得以广泛分布。这两个阶段的草原扩张是由一种强烈的正反馈推动的：草原容易引起火灾，而火灾又有利于草原发展，这是因为频繁的火灾阻止森林再生。在扩张的第二阶段，草原在非洲大部分地区大量扩张，这些地区包括东非大裂谷。在那里，同样在大约 600 万年前，人类与黑猩猩的进化谱系出现偏离。在大约 400 万年前，我们的人类祖先开始直立行走，可以想象，这是为了适应穿越林地之间新形成的热带稀树草原。

正当我们的祖先开始发展使用石器时——首次记录出现在 260 万年前——地球开始进入一系列严重程度不断加深、频率不断降低的冰期旋回。气候动力学的这一变化标志着第四纪的开始。它引起了广泛的哺乳动物物种的形成，包括我们的人类谱系。由此导致的全球环境不稳定性可能对我们作为特别聪明的、高度社会化的灵长类动物的进化起了作用。普遍的看法是，当环境正在变化（不是非常频繁或不可预知的变化）时，变聪明并在社会群体中合作以帮助适应变化的环境，是有好处的。相反，如果环境是稳定的，就没有必要变聪明。而如果环境真的很不稳定，最好的策略就是想办法逃离困境。

火的使用

对火有意图的使用让我们的祖先有别于其他所有物

种，因为这是将能量利用扩展到人体以外的第一次创新。对火有节制的使用可能是在150万年前开始的，并且能够确定出现在80万年前的非洲和40万年前的欧洲。通过肉类的烹饪以及更多样化的饮食（通过给食物解毒而得到），用火烹饪为**直立人**的饮食带来了更多能量。向猎取高能量肉类的转变反过来又引发了围绕营地定居的社会群体和劳动分工的形成，从而引起人类社会进化的逐步升级。

在40万到25万年前，石器技术变得更加精细，大脑容量迅速增长。大约20万年前，解剖学意义上的现代人类（**智人**）首次出现在东非。在那之后的某段时间里，我们的祖先在人口1万或更低的繁殖对数量上遇到了瓶颈。大约6.5万年前，人类始祖群体的后裔出现在非洲以外，并开始分布于全世界。撒哈拉沙漠一系列周期性湿润阶段中的一次促进了人类迁移，这些湿润阶段发生在13.5万到9万年前的一次非洲特大干旱之后。当现代人类到达新大陆时，他们引发了其他大型哺乳动物或"巨动物群"的灭绝。这一过程在澳大利亚始于4.4万年前，在欧洲始于3万多年前，在北美洲始于1.15万年前，在南美洲始于1万年前。这次灭绝在非洲并不那么严重，可能是因为现有物种已经习惯了猎人并保持了警惕。

　　火是第一个让早期人类开始大规模改变环境的"工具"。人类在狩猎中对火的使用使生态系统转向草原。这解释了为什么以树叶为食（而不是以草为食）的食草动物在巨动物群灭绝中遭受的损害最大。我们的祖先也可能猎杀了一些大型食草动物，致其灭绝，从而使食肉动物和食腐者遭受食物短缺的痛苦。在澳大利亚，人类对火的使用有助于维持这个广阔大陆上的沙漠灌木丛林地。这可能反过来在地球系统进入现在的全新世间冰期时，抑制了季风返回大陆内部。如果是这样的话，这可能代表了人类对气候系统的第一次大规模影响。

农业

　　随着地球系统离开末次冰期，北半球气候发生了很大的波动：在 1.47 万年前的一次突然变暖之后，在 1.27 万年前又明显变冷，然后在 1.15 万年前又突然变暖。在被称为"新仙女木事件"的冷期，东地中海地区以收集大量野生谷物为食的人们开始驯化第一批粮食作物，这或许是为了应对由气候变化造成的区域性干旱。大约在 1.05 万年前，地球系统进入了稳定的全新世间冰期状态，撒哈拉沙漠再次进入了一个潮湿和绿色的阶段，将尼罗河、幼发拉底河和底格里斯河环绕的地区变成了著名的新月沃土。那里的农业始于小麦、大麦、豌豆、绵羊、山羊、母牛和猪的驯化。农业也在世界其他地区独立地兴起，在大约 8500 年前出现在中国南部，7800 年前出现在中国北部，4800 年前出现在墨西哥，4500 年前出现在秘鲁和北美东部。

全世界农业的相对突然和独立的出现表明，在全新世之前，农业可能受到过环境条件的阻碍。冰期较低的二氧化碳浓度和不稳定的冰川气候肯定不利于农业的形成。农业一旦形成，就会增加对人类社会的能量输入。这场"新石器革命"引起了人类生育率的提高（不久后随之而来的是死亡率的上升）。在距今 6000 至 4000 年前，人口数量从 600 万增长到 3000 多万；在距今 2000 年前，人口数量可能高达 1 亿。然而，农业的缺点之一是，相比于流动觅食的社会，不迁移的、高密度的农业文明对气候变化更敏感——全新世中热带气候的突变与几个古老社会群体的崩溃有关。

由农业引起的人口和能量流动的增加与向社会群体输入的物质和从社会群体排出的废物的增加有关。由此产生的环境影响早在全新世就开始了，但关于它们的规模仍有很大争议。大约 8000 年前，埃及和美索不达米亚开始灌溉，尼罗河流域和底格里斯河与幼发拉底河流域的洪水改道。这导致土地的盐碱化和淤积，降低了作物产量，并促使农作物从小麦转向更耐盐的大麦。埃及人、巴比伦人和罗马人通过使用矿物或粪肥给农田施肥，这可能对附近的淡水产生间接影响。柏拉图曾谈论土壤侵蚀，他把受侵蚀的土地比作"一个病人的骨骼，所有肥沃和柔软的土地都日渐消瘦，只留下土地光秃的骨架"。但是，农业的出现是否在全球尺度上影响了地球系统？

早期人类世假说

比尔·拉迪曼（Bill Ruddiman）认为，人类世开始于几千年前，是新石器革命的结果。伴随而来的人口扩张无疑推动了为创造农田而进行的毁林开垦，并提供了生物质能和木材。毁林开垦反过来又降低了土地碳储量，将二氧化碳转移到大气中。拉迪曼认为，开垦的影响是如此之大，以至于从 8000 年前起，这种二氧化碳源就足以超过本应该自然下降的大气中的二氧化碳量。此外，拉迪曼认为，从 5000 年前起，稻田灌溉产生的甲烷源超过了大气中甲烷的预期下降量。

其他研究人员利用地球系统模型表明，气候和碳循环的自然变化可以解释全新世大气中的二氧化碳和甲烷的大部分变化。例如，地球轨道的变化意味着，6000 年前的北半球比今天温暖，因此在北方地区和北非大部分地区供养了更多的植被，创造了一个"绿色撒哈拉"。这多少解释了全新世早期大气中的二氧化碳浓度较低的原因。随着地球轨道驱动稳定下降，撒哈拉沙漠在大约 5000 年前有一个相对突然的变干和扩张过程。模型预测这是由北非植被–气候系统不同的稳态之间的转换所致。这种"撒哈拉褐化"，加上北半球最高纬度地区的北方森林的消退，向大气中增加了二氧化碳。

在过去的两千年里，我们对过去气候变化的记录有所改善，有着气候变异性的多种代用指标，包括树木年轮、冰芯记录，以及钻孔温度。这些记录揭示了北半球陆地表面在较暖时期和较冷时期之间的缓慢波动，包括中世纪暖期（约950—1250年）和小冰期（约1550—1850年）。气候变冷时期与农业生产低下、战争以及人口减少有关，但任何因果关系都是有争议的。冰芯记录揭示了大气成分的一些变化，包括500年前二氧化碳下降了10 ppm，这也是人类生物质燃烧减少的时期。拉迪曼认为，这是由于瘟疫导致的人口减少使得大片地区重新造林并吸收二氧化碳。然而，他的"早期人类世"假说仍存在争议，部分原因是前工业化社会受限于人类可以用来改变环境的能源供应。

化石燃料

大多数研究人员将人类世的开始与工业革命联系起来，因为化石燃料能量的获取大大增加了人类对地球系统的影响。工业革命标志着从主要由近期的太阳能（通过生物质、水和风）推动的社会向由集中的"古老阳光"推动的社会的转变。虽然煤被少量使用已有几千年，例如在中国古代被用来炼铁，但化石燃料的使用仅仅是随着蒸汽机的发明和改良而兴起的。托马斯·纽科门（Thomas Newcomen）在 1712 年对一台工作中的蒸汽机的示范，以及随后詹姆斯·瓦特（James Watt）在 1769 年对该蒸汽机的改良，大力推动了通过煤矿排水实现的采煤技术。蒸汽机还被用来将化石燃料能量转化为生产和运输中的机械能。这创造了一个有效的正反馈回路，推动了工业革命。

对浓缩化石燃料能量的开发（图 21）引发了人口、粮食生产、物质消耗的大规模扩张以及随之而来的废物的大规模扩张。1825 年至 1927 年间，人口数量翻了一番，从 10 亿增长到 20 亿；到 1975 年又翻了一番，达到 40 亿；并很可能在 2030 年再翻一番，达到 80 亿。随着工业革命的进行，食物和生物质已不再是人类社会能量的主要来源。相反，能养活当今人口的一年的粮食产量所包含的能量为 50 艾焦耳（1 EJ=10^{18} J）[1]，仅占输入人类社会总能量（500 EJ/ 年）的十分之一。这又相当于全球光合作用所获得的能量的十分之一。

---

1 艾焦耳用符号 EJ 表示，1 艾焦耳等于 10^{18} 焦耳（J），即 1 EJ=10^{18} J。

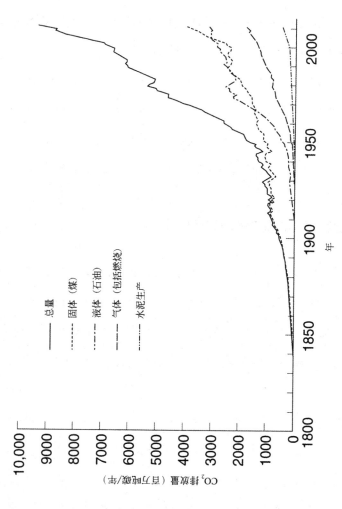

图 21. 人类化石燃料的 CO₂ 排放量不断上升

相应的全球物质流的增加——其中增加最多的是二氧化碳（图21）——正在扰乱地球系统。材料废物被倾倒在陆地、大气和海洋中。对于某些元素循环而言，人类的集体活动目前超过了除人类以外其他生物圈活动的总和。人类对地球系统影响的升级大部分是从第二次世界大战结束后，在一个被称为"大加速"的过渡时期内发生的。下面的部分将详细介绍物质流的变化及其导致的结果。

土地利用和营养物循环变化

现在能养活70多亿人的粮食生产的增长，是由土地、养分、除草剂和化石燃料能量的输入的增加驱动的。第二个和第三个10亿人口的增长主要是通过增加耕地面积实现的，而耕地面积的增加是通过用拖拉机代替马匹、增加灌溉和添加除草剂实现的。第四个和第五个10亿人口的增长是通过大量增加已有土地的肥料养分输入，同时引进能在高养分输入条件下茁壮成长的矮秆品种小麦和水稻实现的。第六个和第七个10亿人口的增长主要是通过以早期农业创新为基础的发展中国家作物产量的增加实现的。

农业的扩张和集约化改变了地球的外貌。适于耕作的农田面积从 1860 年的 5 亿公顷扩大到 1960 年的近 14 亿公顷。从那时起，可耕地面积几乎不再变化，但人类日常饮食中增加的肉类消耗促使放牧草地面积扩大到目前的30 多亿公顷，这是热带森林被快速砍伐的几个驱动因素之一。

农业集约化也改变了全球营养物循环。化石燃料能量被用来分裂 N_2 的三键并制造氮肥，还被用来开采和精制磷肥。这使输入生物圈的有效氮增加了约一倍，磷增加了约两倍。虽然这场"绿色革命"有助于保护陆地生态系统免受耕作的影响，但也有其他负面的结果。我们所添加的大部分氮和磷最终进入淡水，促进了淡水的生物生产力（富营养化），有时达到这样的程度——古老的蓝细菌使年代更近的生命形式死亡，水体变成缺氧状态，水中的鱼和其他动物死亡。我们添加的氮和磷中有一部分到达了近岸海域，并最终到达开放大洋，导致这些水体缺氧。

一部分人类合成并添加到农业土壤中的氮，通过硝化和反硝化这样的古老微生物过程，转化为长寿命的温室气体氧化亚氮。这使大气中的氧化亚氮浓度从 272 ppb[1] 增加到 310 ppb。农业扩张也增加了向大气排放的甲烷，特别是来自反刍类家畜和稻田的排放。加上天然气在开采、运输和使用期间的泄漏，以及垃圾填埋场、火灾和废物处理厂的排放，人类活动已经使大气中的甲烷浓度增加了一倍以上，从 800 ppb 左右增加到目前的 1800 ppb 左右。

碳循环变化

在工业革命之前，大气与海洋之间以及大气与陆地之间大量的 CO_2 交换通量大致平衡。从工业革命开始，化石燃料燃烧（图 21）和土地利用变化产生的 CO_2 排放使大气中的 CO_2 浓度从 280 ppm 增加到目前的 400 ppm 左右。当戴夫·基林（Dave Keeling）在 1958 年开始测量大气中的 CO_2 时，其浓度已经上升至 315 ppm。"基林曲线"（图 22）揭示，CO_2 浓度从那时起加速上升。不过，CO_2 浓度上升的速度并没有它向大气排放的速度快，原因是每年增加到大气中的 CO_2 有一半被海洋和陆地的"碳汇"吸收。

1　符号 ppb 表示十亿分率（parts per billion）。

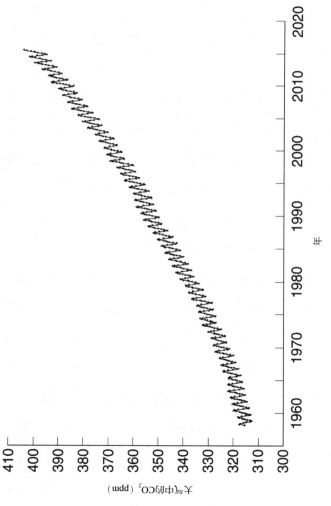

图 22. 夏威夷冒纳罗亚火山大气中 CO_2 浓度测量的"基林曲线"

海洋碳汇的存在是因为气态 CO_2 会溶解进入海水并与海水发生反应。向大气中增加过量的 CO_2 迫使其中的一部分溶解于海洋表层。通过海面的气体交换相对较快，但溶解的 CO_2 与海水的反应相对较慢。在化学反应的一侧添加反应物总是促进反应向另一侧发生，直到达到新的平衡，因此 CO_2 被转化为溶解的无机碳。实际上存在一系列的反应，并且在平衡状态时，大部分碳的稳定状态是溶解在海洋中，而不是大气中的 CO_2。然而，充分混合的海洋表层只有相对较小的体积，因此海洋对碳的吸收速率受限于表层海水与大量深层海水相对缓慢的交换。

陆地碳汇的存在是因为那些没有因为农业而被清除的生态系统，尤其是森林，不断在活的植被和土壤中积累碳。一个关键原因是不断增加的大气中的 CO_2 加强了光合作用，使植物对碳的吸收效率更高。这是因为 CO_2 和 O_2 分子之间存在对碳固定酶 RuBisCO 的活性部位的竞争，因此增加 CO_2 和 O_2 的比率就增加了被固定的 CO_2 量。除了这种"CO_2 施肥效应"之外，有些生态系统还通过人类输入的、通常由大气以气态形式携带的营养物得到施肥。此外，在荒废的农田，自然生态系统易于再生，并从大气中积累碳。

基林曲线中的波动隐藏了大量的附加信息。它们特别揭示了年变化比海洋碳汇更大的陆地碳汇。叠加在大气中的 CO_2 总体上升趋势之上的波动是代表陆地生物圈季节性"呼吸"的年循环：CO_2 在北方的春季和夏季下降，因为北半球植物在春季和夏季吸收碳；CO_2 在秋季和冬季上升，因为同一批生态系统呼出 CO_2。然而，这种波动的大小和形状每年都不同。在 1991 年皮纳图博火山喷发后，CO_2 上升变慢，因为火山喷发导致的气候变冷加强了陆地碳汇。在 1998 年强烈的厄尔尼诺之后，CO_2 上升变快，因为当年的变暖和相关的火灾消除了陆地碳汇。

在气候变化和碳循环之间存在一些正反馈（参见第三章）——随着温度升高，陆地变成了一个有效性较低的碳汇。海洋也是如此，因为变暖会降低 CO_2 的溶解度。此外，CO_2 的吸收正在使海洋酸化，使海洋储存碳的有效性降低（通过将海水的反应平衡转向气态 CO_2）。然而，总体而言，碳循环中的负反馈占了上风，正在减缓大气中 CO_2 的上升趋势。若不是因为陆地和海洋碳汇，大气中的 CO_2 浓度将超过 500 ppm，气候变化也会更严重。

气候变化

温室效应的理论属于维多利亚时代的物理学范畴。早在 1896 年，斯万特·阿伦尼乌斯（Svante Arrhenius）就计算得出，若大气中的 CO_2 浓度比前工业化时期增加一倍，全球温度将上升 5℃ 左右。这漫长而艰苦的手工计算花费了他两年时间，计算结果仍在最新的地球系统模型对"气候敏感性"的估算范围之内。目前最佳的估算结果是 3℃ 左右。

到 19 世纪末，船载温度测量也在定期进行。这些数据加上陆地气象站的温度表读数，使气候科学家能够拼出所谓的"仪器测量温度记录"（图 23）。该记录表明，1880 年至 2012 年间，全球变暖了 0.85℃ 左右，1980 年以后变暖了 0.5℃ 左右。温度上升在范围上是全球性的（而中世纪暖期和小冰期只是区域性的现象）。全球温度并不是以稳定速率上升的，有一些温度稳定的时期（例如，20 世纪 40 年代和 20 世纪 50 年代），也有一些温度快速上升的时期（如 20 世纪 80 年代和 20 世纪 90 年代）。这是意料之中的，因为即使在没有人类活动的情况下，气候也存

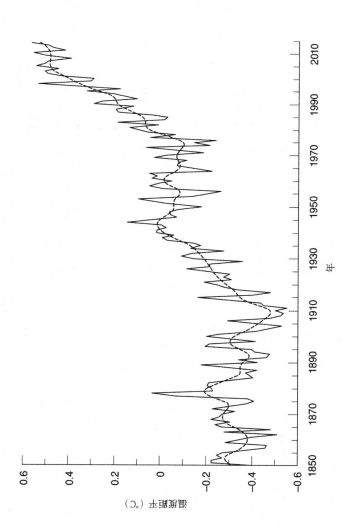

图 23. 仪器测量全球平均温度记录。相对于 1961—1990 年平均温度的温度距平（数据来自 HadCRUT4）：年平均（实线），十年滑动平均（虚线）

在自然变异性，产生暖期和冷期，当这些叠加在温度上升的趋势之上时，就会产生没有变暖和快速变暖的时期。

一个可以使气候变冷的因素是向大气中注入微小的、能反射光的硫酸盐气溶胶粒子，它们散射阳光（将其中一些阳光送回太空）。硫酸盐气溶胶可以来自火山喷发（如1991 年的皮纳图博火山喷发）或化石燃料燃烧，特别是含硫的煤（褐煤）的燃烧。然而，当硫酸盐气溶胶进入溶液时，硫酸盐形成硫酸，从而产生酸雨。为了控制酸雨，我们成功地将二氧化硫从发电站烟气中洗脱出来。这反过来又减弱了硫酸盐气溶胶对气候的降温效应，暴露了日益增强的温室效应，并对全球变暖做出了贡献。

人类行星

人类在异常不稳定的气候中进化形成，向全世界迁移，并首次驯化了作物和牲畜。在当前全新世间冰期相对稳定的环境中，农业作为一种生活方式开始取代狩猎–采集，第一批城邦出现了。人类开始改变陆地表面，从而改变了碳循环、气候和其他生物地球化学循环。在局部地区，文

明发展到了自然资源承载的极限，人类文明的命运有时会
由气候的自然变化决定。很多人争论，在某种程度上，人
类已经开始改变整个地球系统。随着工业革命的进行，人
类加速了对地球系统的重塑。在 20 世纪 50 年代的技术乐
观主义中，出现了更进一步的"大加速"。然而，在这种
乐观主义的影响下，太空竞赛开始了，人类初步认识到我
们地球家园的美是有限的。现在，人类是磷、氮和碳的生
物地球化学循环的主要参与者。我们正在改变气候，大规
模地加速陆地的土壤侵蚀和海洋中的沉积作用，使海洋酸
化和脱氧，并以前所未有的速度使其他物种消亡。第六章
将讨论这条发展轨迹正在带我们走向何方。

第六章

预　估

地球系统在人类世正在往何处去？在回答这个问题之前，我们首先需要一个能够模拟出地球系统如何运转的模型，而问题的答案取决于我们人类作为一个物种的集体活动，以及地球系统是如何响应这些活动的。模型的作用是在对未来人类活动的不同假设下预测结果。本章介绍"地球系统模型"以及它们在预测未来时用到的一些重要假设；并从较短到较长的时间尺度，以及从气候变化预估中的具体挑战到其他全球变化探索中的更大挑战，概述地球系统模型预估。

地球系统模型

地球系统模型是指用计算机程序来表达地球系统表层

的模型。像其他所有系统一样，地球系统模型的边界也需要被准确地定义。尽管我们生活在地球系统内部，但在现有的模型中，人类活动被当作一个来自地球系统外部的输入。模型记录地球系统中人类以外的部分，包括大气、海洋、陆地表面、海洋和陆地生物圈，以及它们之间的相互作用，包括（短期）碳循环。

最复杂的地球系统模型起源于天气预报模型。在过去几十年里，科学家在大气模型中逐步增加其他组成部分，有效地扩展了被讨论的系统，大气模型被改造成地球系统模型。每增加一个新的组成部分，就会引入一系列新的反馈，而结果并不总是稳定的。一个典型的事例是，第一批在大气的快速动力过程中耦合了海洋的缓慢动力过程（以及大的热容）的模型，在运行中经常习惯性地偏离当时的气候状态，必须通过"通量订正"把模拟结果人为拉回观测结果。这个问题在 20 世纪 90 年代才解决。

当前的"地球系统"模型的特点是能将诸如温室气体和气溶胶排放等的人类活动转化为气候效应。第一批实现这种能力的模型在 2000 年左右发布，模型包含相互作用的全球碳循环模块，可以计算 CO_2 排放对大气中的 CO_2

浓度的影响，包括大气和海洋生态系统以及大气和陆地生态系统之间的 CO_2 交换。随后，一些模型纳入了 SO_2 排放对硫酸盐气溶胶形成的影响以及进而对云的性质和气候的影响。最新的模型还纳入了人类土地利用变化对气候的影响。

模型的测试

地球系统模型的一个关键测试指标是模型对已观测到的气候变化的再现能力。这个测试通常是用过去 150 年里已知的自然和人为的气候驱动因素来驱动模型，在这段时间里我们有气候状态的观测记录。这样的测试表明，仪器测量温度记录（图 23）的再现需要自然和人为强迫因素的共同作用。仅自然因素无法产生近半个世纪里的显著的变暖趋势，实际的预测结果是，自然因素导致了轻度降温。

人为因素造成了气候整体变暖的趋势，但无法解释温度记录中一些由自然因素引起的波动。其中一个波动是过去 15 年中大气变暖趋势放缓，这是由海洋吸收热量的效率的提高造成的。事实上，大部分由温室效应增强所积聚的热量都进入了海洋，海洋储存的热量远多于大气。因此，我们对海洋储存热量的波动会影响大气温度不应该感到惊讶。

如果将 CO_2 排放作为一个输入，地球系统模型可以合理预测 CO_2 浓度的历史上升情况。模型的另一个重要测试指标是它们捕捉有观测记录之前的气候变化的能力。然而，最先进的模型运行起来花费巨大，以至于这种测试非常有限。这些模型面对的一个很大的挑战是捕捉过去的气候突变。

一系列模型

对理解过去和未来全球变化的渴望带来了一系列不同复杂程度的地球系统模型的诞生。前文描述的最复杂的模型专注于预测相对较短的时间尺度（世纪尺度）内的气候变化。它们以最快的超级计算机允许的最高空间分辨率对地球进行三维解析，但不包含诸如地球系统和地壳的相互作用等的较长期的过程。设计"中等复杂性"的模型是为了模拟从 1000 年到 100 万年的更长的时间尺度，并且能够纳入大陆岩石的风化作用和海洋沉积物的沉积作用。这些模型用较低的空间分辨率解析海洋和大气，常简化其物理过程，有时还会对其降维，例如用一系列仅包含深度和纬度的二维条带表示海洋。还有一些空间分辨率十分有限的简单模型，用来捕捉诸如全球平均地表温度等的总体变量，但可以包含更多的地球系统组成部分。这些模型有几个目的：模拟地质时间尺度，运行数百万次以探索结果对不确定假设的敏感性，或形成"综合评估模型"的一部分。

　　综合评估模型的主要目标是探索应对气候变化的政策选择。这些模型着力于对经济进行简单描述，包括目前经济是如何产生化石燃料排放的，并耦合一个简单的气候系统模型，气候系统对经济产生反馈作用。通常情况下，决策者被认为有改变政策的权力，例如设定一项 CO_2 排放税。模型基于建模者对不同行动的成本与收益的假定，回答了当前和未来的最优政策是什么。要解决这样一个计算问题，通常假定政策制定者是理性的，对人类行为的未来结果了如指掌（尽管有些模型确实包含了未来的不确定性）。关于这种方法及其用到的假设还存在很多争议。尽管综合评估模型很简单，但它代表了将人类作为地球系统的一个互动部分进行模拟的首次尝试。

预估而非预测

预估气候变化（或任何其他长期的全球变化）与预测天气有着根本的不同。预测天气是一个"初始条件问题"，意味着未来天气的状态从根本上取决于它现在（和过去）的状态，因此必须尽可能准确地将初始条件输入到模型中。即便如此，天气对初始条件非常敏感，以至于初始条件中的微小差异会很快导致结果的巨大差异。这是"确定性混沌"现象的典型例子，该现象是由爱德华·诺顿·洛伦茨（Ed Lorenz[1]）在 1963 年首次用三个方程式组成的简单大气模型描述的。

另一方面，气候被定义为天气的长期平均（时间通常超过 30 年），它对初始条件并不是很敏感，因为只有地球系统固有的"活动慢"的部分，例如海洋，才能长期携带着对初始条件的记忆。相反，预估气候更像是一个"边

---

1 Ed Lorenz，全名为 Edward Norton Lorenz。

界条件问题",意味着其取决于诸如地球轨道、大气中不同的温室气体和气溶胶的浓度等因素。在季节到十年际的中等时间尺度上,初始条件"记忆"——尤其是海洋所携带的——对准确预测至关重要。因此,近期主要的努力变为利用当前海洋状态的观测数据对十年际气候预估进行初始化。

我们试图预估的气候变化的未来越远,预估对诸如CO_2排放等关键强迫因素的轨迹的依赖就越大。这些人为影响因素的根本问题在于它们本身还有待确定。没有人假装能"预测"未来社会在百年时间尺度上将如何发展。相反,我们能做的只是提出一系列关于社会及其排放如何演变的情景,并将这些情景作为"强迫情景"输入到地球系统模型中。因此,将模型输出描述为取决于既定假设的气候变化"预估"而不是"预测",更为准确。

情景

关于未来的默认情景是"照常排放",表明化石燃料消耗持续增长。目前,CO_2排放量约为每年 100 亿吨碳

（图 21）。在过去 30 年中，CO_2 排放量平均每年增长约
2%。但在过去 10 年中，尽管全球经济衰退，CO_2 排放量
平均每年增长近 3%。如果 CO_2 排放量每年以 2%—3% 的
速度继续增长，那么在 25—35 年之内，即到本世纪中叶，
排放量会翻一番。然而，如果我们把这种指数增长外推到
本世纪末，就会产生高得令人难以置信的数字。最终，它
一定会受到化石燃料资源有限这一事实的制约。然而，照
常排放情景通常预估，到本世纪末，CO_2 排放量会增加三
倍。地球系统模型预测，这将使大气中的 CO_2 浓度从前
工业化时期的 280 ppm 增加到 1000 ppm 以上。

另一个截然不同的情景是，我们将采取集体和果断
的行动来阻止 CO_2 排放量上升的趋势，进而降低排放量，
这是"强力减排"情景。建立这样的情景是为了说明采取
果断行动应对气候变化可以取得怎样的成果，而且其背后
往往有一个目标，例如将全球变暖限制在 2℃ 以内。但是，
随着实际排放量呈指数增长，该情景迅速过时。通常情况
下，强力减排情景显示，到本世纪中叶，全球排放量将降
至目前水平的一半以下，然后继续下降到零。

从地球系统模型中得到的一个关键信息是，CO_2 排放

量最终必须下降到零，才能阻止大气中 CO_2 浓度的上升。在短期内，可以通过减排使大气中的 CO_2 与进入深海的 CO_2 的量——目前排放量的 10% 左右——相平衡，以此稳定大气中的 CO_2 浓度。这可以使大气中的 CO_2 浓度稳定在 560 ppm（前工业化时期的两倍）左右或以上。然而，最乐观的情景是争取在百年时间尺度上将大气中的 CO_2 浓度稳定在 450 ppm 左右。鉴于近期 CO_2 排放量的增长，要实现将全球变暖限制在 2℃ 内的情景，就要求到本世纪末，人类社会能从容地将 CO_2 从大气中去除。

在这两个极端情景之间，有一系列社会经济情景，它们对能源需求的增长或 CO_2 减排的努力有着不同的假设。它们反映了这样一些情景，例如，持续的全球化或倒退到一个政治上更加分裂的世界。通常，综合评估模型用于生成这些情景。

对 CO_2 排放的最终限制将是地下只有那么多的化石燃料。然而，这一数量很大——至少有 5 万亿吨碳，而且随着开采方法的改进，最近的碳的估计量变得更大了。如果化石燃料价格上涨，那么更经济的开采方法就会使储量规模增大，但转向开发其他价格较低的能源的动机也会增多。在超过百年的时间尺度上，一些情景受到对化石燃料总储量的估计的限制，这提供了一个关于我们可以在多大程度上长期改变气候的有益的指示。这些最好被视为"思想实验"。

全球变暖

对全球温度变化的预估线性地依赖于到某一特定时间的 CO_2 累积排放量，即我们在不收集、不储存被释放出来的 CO_2 的情况下燃烧了多少化石燃料（图24）。粗略地说，每排放 5000 亿吨碳，就会导致全球变暖 1℃。这样，我们已经燃烧了大约 4000 亿吨化石燃料碳，并经历了0.8℃的升温。我们如果想把升温保持在 2℃ 以下，就需要将我们的碳排放限制在 1 万亿吨。然而，如果我们将已知的 5 万亿吨化石燃料燃烧完，我们预计最终的升温约为10℃。这个思想实验能否成功的不确定性很高，因为小于10℃的升温可能会带来很大的伤害，从而阻止我们燃烧完所有的化石燃料。

在今后几十年的短时间尺度上，温度预估对排放途径

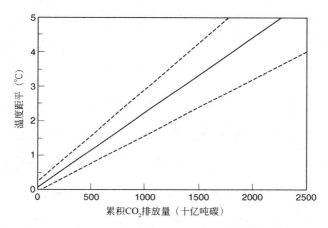

图 24. 近期一系列地球系统模型得出的累积碳排放量与全球温度变化的
关系

的依赖不是很大，因为气候系统仍然在响应由过去温室气
体排放的积累造成的能量不平衡。此外，海洋在吸收和储
存热量中的自然变化也会在十年际的时间尺度上对地表温
度产生相当大的影响。

在一千年的长时间尺度上，温度变化仍然取决于碳的
总累积排放量。然而，到那时，地球系统将在大气、海洋
和陆地表面之间分配我们人为添加的 CO_2。大气中留存的
CO_2 比例，也被称为"空气中的比例"，将取决于我们排
放的碳总量。该比例至少约为 20%。但是，简单和中等复
杂程度的模型告诉我们，随着碳加入量的增加，该比例将

呈指数增长。由于温度依赖于大气碳含量的自然对数，这两种效应结合在一起，使全球变暖与碳排放之间呈现线性关系。

全球温度变化与大气中的碳含量之间的关系被囊括在一个被称为"气候敏感性"的概念中。这个概念被定义为，当海洋的热含量完成调整和各种"快"反馈开始运行后，由大气中的 CO_2 含量翻倍所导致的全球变暖幅度。我们对"气候敏感性"的最优估计是在3℃附近，但可能的范围是 1.5—5℃。这是不确定的，因为我们的模型在不同反馈的强度和深海长期的热量吸收方面存在差异，而观测不能完全约束这些特性。在"气候敏感性"中，我们可以将大气中的 CO_2 浓度的敏感性加到特定的 CO_2 排放中，这取决于气候和碳循环之间的反馈。在更长的时间尺度上，还有更多的"慢"反馈，例如涉及大冰原融化的反馈，这会加剧气候变暖。由此产生的"地球系统对 CO_2 的敏感性"可能高达气候敏感性的两倍。

空间格局

气候变化在空间上是不均匀的。北极地区的变暖速度已经是全球平均速度的两倍，并且模型预测变暖将进一步发生"极地放大"。陆地变暖的速度也比海洋更快，因为陆地吸收热量的能力远低于海洋，而海洋可以储存热量。实际上，这意味着大陆内部的变暖可以达到全球平均值的两倍，北极大陆块的变暖可能是全球平均值的三倍。

水循环变化的空间格局比温度变化更难以预测。变暖会增加海洋的蒸发，而更温暖的大气能容纳更多水分，这就是19世纪物理学中的克劳修斯–克拉佩龙方程表达的。可以肯定的是，模型预测更温暖的大气会更湿润，但究竟有多湿润还不确定。在模型中，水循环会被描述为在一个更温暖的世界里加速运转，模型总体上预测潮湿地区会变得更潮湿，而一些干旱的陆地地区会变得更干旱。大气的大环流圈——在赤道上升并在副热带下沉的哈得来环流，预计会扩张，干燥下沉空气的区域将会向极地延伸，使一些诸如地中海等的干旱地区的干旱程度加强。这种气候变化的空间格局对于确定地球系统关键部分的响应和我们人类受到的影响是至关重要的。

临界点

    虽然地球系统的许多行为可以被描述为"线性"的，并可以用现有模型来预测，但是有一类"非线性"的变化是很难预测的，而且可能更危险。这涉及"临界点"，该处的一个小的扰动会触发地球系统某一部分的巨大响应，导致突然的、常常是不可逆的变化。当系统中存在强烈的正反馈时，临界点就会出现，在一系列不同的边界条件下可以产生多种可能的稳定状态。当边界条件的变化导致系统当前的状态失稳时，就会出现一个临界点，触发系统向另一个稳定状态过渡。值得庆幸的是，在行星尺度上很难遇到一个临界点——地球历史上罕见的几个例子是"雪球地球"的发生和结束（参见第一章和第四章）。

    然而，地球系统的几个子系统被认为呈现出多种可能的稳定状态和临界点。一个典型的例子是大西洋翻转环流。我把地球系统中那些可以出现临界点的部分称为"临界元素"，其中有几个临界元素是可以被人为引起的全球变化激发的（图 25）。它们可以分为涉及海洋或大气（或两者耦合在一起）的环流模态的突变，涉及生物圈的突变，以及涉及部分冰冻圈突然消失的这几类。

海洋和大气

大气环流和海洋环流是耦合在一起的，并在过去经历过突变。大西洋翻转环流是由这些过程组成的：从南大西洋向北流动的表层水，经过赤道，一直到达大西洋最北面，在那里水的密度变得足够大，可以下沉到深海，从而支持一个向南的深海回流。该环流是自我维持的，这要归功于一个正反馈——盐从南大洋输入，使大西洋的水密度更大，更容易下沉。然而，如果通过在北大西洋增加额外的淡水使"边界条件"改变，就会到达一个触及深水形成停止的临界点。然后，翻转环流停止，进入一个稳定的"停止"状态。要恢复翻转环流的"运转"状态，则需要大力减少淡水输入。

大西洋翻转环流在不同稳定状态之间的切换导致了过去的北大西洋的快速变暖事件（环流突然加强）和快速变

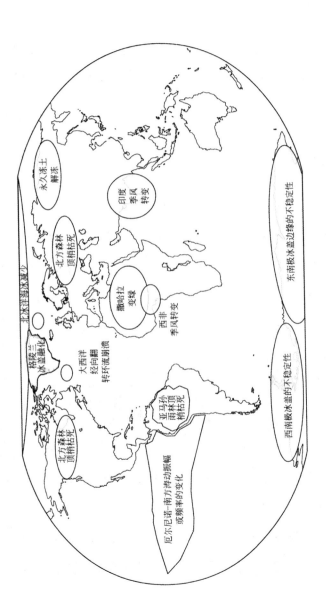

图 25. 地球气候系统中的潜在临界元素地图

冷事件（环流突然崩溃）。由于降雨量增加，已有更多的淡水正在进入北大西洋海域，模型预估翻转环流会减弱。在一些照常排放模型情景中，翻转环流最终会崩溃，并在全球产生连锁效应。

在过去，大西洋翻转环流的加强或减弱导致了降雨的热带辐合带向北或向南移动，有时会引起西非和印度季风的突变。季风可以被认为是大气的翻转环流，从海洋来的潮湿空气到达大陆，并在大陆抬升冷却，使水凝结成雨降落，从而释放潜热，推动空气向上对流，这是一个促进季风环流的强烈的正反馈。季风受陆地升温比海洋快的季节性驱动，它们的季节性运转和停止支持了季风具有临界点的观点。一些对未来的预估显示出季风的突变，例如在西非，近海水域变暖可能会将降雨绑定在海岸，导致萨赫勒地区缺乏季节性水供应。

陆地生物圈

陆地表面的某些部分通过正反馈与大气紧密地连接在一起。例如，6000 年前出现的"绿色撒哈拉"状态促进了一次大气环流，将水分带入了现在是沙漠的那个地区。今天，亚马孙雨林将水再循环到大气中，从而有助于维持供养森林的降雨，也能抑制火灾。然而，如果气候在某些区域变干旱——正如我们在最近的亚马孙旱年（2005年和2010年）所看到的那样——就会导致树木顶梢枯死，以及一种向更具破坏性的火使用制度的转变。如果草开始逐步侵占森林，这会助长火灾，破坏幼树，并支持另外一种草原或热带稀树草原状态（这是一个正反馈）。草原已经被认为是亚马孙盆地大部分地区在当前降雨条件下的另一种稳定的植被状态。将来，如果该地区变干旱，预计亚马孙雨林将出现大面积顶梢枯死。

在其他地方，由于小蠹虫在温暖气候中茁壮成长，北方森林和温带林的几个区域已经经历了大面积顶梢枯死。在一些对未来的预估中，由于小蠹虫的袭击、火灾的增加，以及对树木而言太热的夏季，北方森林的大片区域将会消失。亚马孙雨林或北方森林的顶梢枯死进而将二氧化碳返回大气，但与预估的人类二氧化碳排放相比，它们的潜在贡献并不大。

冰冻圈

北极地区变暖的放大一部分是由我们在第一章中提到的冰雪反照率正反馈造成的：当海冰消失时，深色的海洋表层会暴露出来，吸收更多阳光。北极海冰的减少一直在加速，并且预计未来几十年夏季海冰将完全消失。如果我们继续照常排放，那么模型预估在下个世纪，北极海冰将全年消失。在一些模型中，当北冰洋的大片地区的冬季温度降不到冰点时，全年海冰消失就会突然发生。

北极陆地表面变暖已经造成永久冻土解冻，冻土释放了它们储存的甲烷和二氧化碳。在照常排放情景下，预计到本世纪末，大部分永久冻土将消失，使全球变暖放大约10%。在更长的时间尺度上，海洋变暖将使海洋沉积物下冻结的甲烷（被称为水合物或笼合物）变得不稳定。由此释放的碳预计将使长期变暖增加0.5℃，但由于海洋沉积物热传导慢，这种正反馈本质上是缓慢的。

主要冰盖的消失也是一个缓慢的过程，但它可能已经在进行中了。格陵兰冰盖被认为是末次冰期的遗迹，它如果消失了，在当前气候条件下将无法再生。它的质量正在发生损失，这可能是不可逆转的，（部分）因为一个强烈的正反馈：融化使冰盖表面高度下降，使其进一步升温，并导致更多的融化。在南极洲，西南极冰盖和部分东南极冰盖都位于海平面以下的海床上。根据海床的深度廓线，冰盖与海床相接处的"接地线"可能会突然后退，将大量冰山移入海洋，使海平面上升。主要冰盖的缩小，连同冰川融化和海水随变暖产生的膨胀，已经成为海平面上升的关键因素。在照常排放情景下，海平面可能在本世纪上升一米，并在长期上升几十米。

海洋生态系统和生物地球化学

海洋正在酸化，因为二氧化碳与海水反应生成碳酸。这对沉淀碳酸盐的生物构成威胁，这些生物包括珊瑚以及许多种类的浮游生物和底栖生物。珊瑚对海洋变暖也很敏感，变暖会导致白化事件。因此，如果我们继续照常排放，可以预测珊瑚礁会出现大规模损失。

在千年时间尺度上，酸化的水会扩散到深海，溶解那里的碳酸钙沉积物。这将释放碱度，进而使海洋吸收更多的二氧化碳。同时，全球变暖和二氧化碳引起的土壤水酸化将加速陆地上的碳酸盐和硅酸盐风化作用，给海洋补充碱度。在数十万年的时间里，过量的硅酸盐风化作用将去除我们添加到大气中的化石碳，并将其沉积在新的碳酸盐岩石中。然而，到那时，下一个冰期的发生可能已经受到阻止，第四纪冰期–间冰期循环可能会完全停止。

二氧化碳并不是人类产生的唯一对地球系统有长期影响的废物。向陆地输入的氮和磷的增加正在加剧淡水和一些陆架海的缺氧状况。如果这种情况持续几千年（这是一个很大的假设），那么它将显著增加海洋中氮和磷的含量，有引发全球缺氧事件的风险，因为缺氧会加强近岸陆架海的沉积物中磷的再循环，从而提高生产力并加深缺氧程度，这是一种强烈的正反馈（参见第四章）。海洋变暖进一步加剧了海洋缺氧，降低了氧气在水中的溶解度，并倾向于增强海洋层化，将深层无氧水与大气隔离开来。

新出现的简单性

正如尼尔斯·博尔（Niels Bohr）所说："预测是非常

困难的，尤其是对未来的预测。"这对于地球系统这样的复杂系统尤为正确，这也是为什么许多具有职业价值的努力已经投入到地球系统模型的构建中来了。然而，尽管地球系统很复杂，但它能显示出一些"新出现的简单性"。例如，二氧化碳累积排放量与全球温度变化之间的线性关系在一系列模型中都很稳健地显示出来。因此，我们能有信心预估我们的集体活动产生的一些结果，即使我们无法预测人类社会将如何发展。地球系统的其他特性，比如临界点，仍然很难预测。尽管如此，通过综合考察地球系统过去的行为，理解正在起作用的过程，并将这些理解纳入模型，就能取得进展。将来，我们可以想象新一代地球系统模型，能允许我们研究"行星界限"而不仅仅是气候变化，例如限制磷和氮的累积添加，以避免海洋大范围缺氧。也许我们甚至会尝试将人类社会作为地球系统的一个互动部分进行模拟，哪怕只是为了找到未来可能的方向。在第七章，我们将讨论其中的一个方向——实现长期的可持续性需要什么。

第七章

可持续性

虽然人类对地球的改变最初是不知不觉的，但现在我们对此越来越有共识。这对地球系统科学提出了挑战，因为我们人类具有有意识的远虑和目标感，这些（就我们所知）在以前从未成为地球系统的一部分。这从根本上改变了地球系统，因为这意味着一个物种可以有意识地共同塑造地球的未来轨迹。我们知道我们目前的生活方式是不可持续的，但我们仍在尝试构建一个可持续的和繁荣的未来图景。这对于地球系统科学来说是一个机遇，因为它告诉我们什么能使地球系统可持续而什么不能。本章以我们能从地球历史中学到的内容开始，概述地球系统科学如何帮助人类寻求可持续性。

地球历史课

地球生物圈是一个可持续的系统的杰出典范。它已经繁荣发展了超过35亿年，最初是一个原核生物的世界，但现在是一个可以供养复杂生命的世界。在那段时间里，太阳持续变亮，巨大的岩石撞击了地球，地球内部偶尔向地球表层系统注入大量的熔融物质。然而，尽管有这些扰动，地表不仅保持着适宜居住的条件，而且生命也在蓬勃发展。诚然，曾经有过一些近乎致命的灾难，比如雪球事件或二叠纪末期的灭绝事件，但这些都是例外而不是规律。那么，地球生物圈长期可持续性的秘诀是什么呢？

第一个秘诀是将可持续的能源供给与物质再循环结合起来（图26）。地球系统的主要能源是阳光，生物圈将其转化并以化学能的形式储存。能量捕获设备——光合作用生物——由二氧化碳、营养物和从周围环境中吸收的大量痕量元素合成。这些元素和化合物从固体地球系统到地球表层系统的输入是有限的。一些光合作用生物已经进化出能够增加它们所需物质的输入的能力，例如，从大气中固氮以及对岩石中的磷进行选择性风化。更重要的是，其他

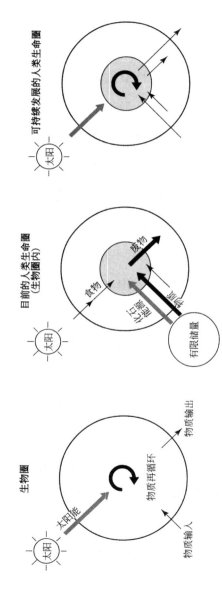

图 26. 生物圈、人类生命圈和未来可持续发展的人类生命圈中的能量和物质流动

异养生物已经进化出能够使光合作用生物所需的物质（通常是光合作用中最初捕获的一些化学能消耗的副产物）进行再循环的能力。这种非凡的再循环系统是生物圈保持高水平能量捕获能力（生产力）的主要机制。

第二个秘诀是自我调节。为了保持稳定的、适宜居住的条件，地球系统必须具有各种负反馈机制，例如长期使温度保持稳定的硅酸盐风化反馈。这些负反馈给地球系统带来了恢复力，意味着如果有什么东西冲击了系统，系统就会趋于恢复其最初的状态。恢复力实际上是对系统恢复速度的衡量。生命在一些负反馈机制中的作用——如硅酸盐风化放大作用——提高了地球系统的恢复力。当然，在地球系统中既有正反馈又有负反馈。然而，地球系统的长期稳定性告诉我们，负反馈总体上占上风。为什么会这样是一个当下争论的话题。

虽然从漫长的生命历史中可以容易地推断出地球系统对我们作为一个物种的活动具有恢复力，但这可能是错误的信心，过去能生存下来不一定表明未来的稳定性。原因是，我们的存在本身就要求地球系统有一段特殊的历史，在这段历史中，生命存活下来，氧气浓度上升到人类可以出现并见证这样一段历史的水平。这是宇宙学家所称的"弱人择原理"的一种应用，意思是我们不应该对地球系统迄今为止负反馈一直占优势感到太惊讶。这不能保证将继续这样下去。可以想象的是，地球系统中可能会出现一些严重扰乱系统的东西，甚至会达到杀死所有生命的程度。事实上，我们中的一些人怀疑"这些东西"可能就是我们自己。

指数增长遇到有限资源

可持续性挑战的核心是正、负反馈之间的紧张关系。指数增长可以来自生物固有的正反馈——生命产生更多的生命。但是，指数增长最终总会受到有限资源的制约，从而对增长形成负反馈。这种指数增长最终会受到有限资源制约的观点至少可以追溯到托马斯·马尔萨斯（Thomas Malthus）1798 年的《人口原理》[1]。这对达尔文提出自然选择理论而言十分重要，自然选择理论认为，当资源受到限制时，种群数量就会稳定下来，对资源的竞争接踵而至，而"最适合的"生物（那些留下最多后代的生物）就会主

1　又译《人口论》。

导世界。

这一规律在 1972 年出版的由德内拉·H. 梅多斯（Donella H. Meadows）、丹尼斯·L. 梅多斯（Dennis L. Meadows）、乔根·兰德斯（Jørgen Randers）和威廉·W. 贝伦斯三世（William W. Behrens III）撰写的《增长的极限》一书中得到了更广泛的体现。该书使用一个叫作 World3 的早期全球系统模型研究人类活动的指数增长与有限资源之间的相互作用。作者模拟了五个相互作用的变量：世界人口、工业化、污染、粮食生产和资源耗竭。两种模型情景会导致本世纪地球系统超出预期的结果和崩溃，第三种情景则产生了一个稳定的世界。这项研究受到经济学家的广泛批评，他们认为，积极限制资源消耗将严重损害正在提高的人类福祉。由此产生了"可持续发展"的重大妥协：我们必须同时为人类生活改善和环境可持续性而奋斗。

也许人类发展与可持续性之间最明显的正反馈联系是，它通常会导致我们生育的孩子更少。这意味着人口注定要稳定下来。事实上，许多发达国家的生育率已经降至更替水平以下。因此，如果发展在全球范围内实现，我们就可以预估人口的长期减少。然而，发展也增加了能源和物质消耗，它们已经与人口增长脱钩，并将继续以指数方式增长。因此，自20世纪60年代以来的人口增长持续放缓的事实并没有使我们对地球的总体影响稳定下来。这意味着可持续性挑战并不主要在于稳定人口（尽管这将有所帮助），而在于改变我们的能源和我们使用物质的方式。

可持续的能源

"产业代谢"（或"产业生态学"）领域认为，人类社会就像生物、生态系统和地球系统，具有相互交织的能量和物质流动。尽管生物圈在过去曾偶尔实现能量输入的跳跃，但在其历史上的大部分时间里，能量输入都是稳定的。到目前为止，人类对生物圈的能量输入增加了大约十分之一，其中大部分都发生在"大加速"时期以来——世界能源消耗从1950年的大约100 EJ/年增长到2010年的大约500 EJ/年。对未来的预估表明，到2050年，能源需求可能会上升到1000 EJ/年以上。不断增长的能源需求无法得到无限的满足，但我们还没有接近极限。

目前,我们的主要能源都包含在物质——化石燃料中。在我们继续燃烧化石燃料的同时,我们知道我们是靠借来的能源生活的。化石燃料是来自地壳的有限资源,因此,负反馈将限制它们消耗量的增长。石油开采注定要首先达到顶峰,天然气紧随其后,接着(最终)是煤。然而(正如我们在第六章中看到的),有足够的化石燃料——主要是煤——能使地球气候变暖达到 10℃这个量级,这可能激发另一种产生严重破坏性影响的负反馈。我们也可以选择燃烧化石燃料,并付出相应的能源代价来捕获和储存释放出来的二氧化碳,但这不能说是一种"可持续的"能量来源。

核裂变能量依赖于可裂变物质的有限供给,因此它也不是无限可持续的。但是,从可裂变的铀和钍产生能量的未来潜力大于化石燃料。核聚变是太阳和所有恒星的能量来源,如果它能被控制并使用,那么"可聚变"物质的供给还会多几个数量级。然而,在长远的未来,太阳看似将继续是生物圈的主要能量来源。

人类的干预可以大大增加进入生物圈的阳光的比例,因为光合作用并不能对太阳能进行非常有效的转化,最

多只有 1%—2% 的转化效率。目前人们正在努力提高光
合作用的效率，这将有利于粮食和生物燃料的生产。然
而，光合作用与其他太阳能捕获手段之间仍存在很大的效
率差距。太阳能光伏电池板将阳光转化为电的效率通常
达到 20% 左右。最近，一种组合了光伏电池板和太阳能
热捕获装置、转化效率达到 80% 的设备也被生产出来了。
到达地表的太阳能（2.5×10^{16} W）比人类目前的总用电量
（1.5×10^{13} W）多了 1000 倍以上。因此，太阳能可以支持
未来人类能源消耗的显著增长，但也不是无限的增长，因
为只有这么多阳光照射到地球。

　　这当然意味着将地球表面的一部分用于捕获太阳能，
同时还要解决能量传输和储存的一些难题。太阳能和其他
大多数可再生能源都是间歇性的。因此，需要储存能量，
并且（或者）需要全球超级电网，将能量从阳光照射的地
方传输到需要它们的地方。能量可以以多种形式储存。生
物圈以化学形式储存太阳能，人类的等价物可以是氢燃料
或合成的碳氢化合物。

物质再循环

目前，我们正在从地壳开采一系列有限的资源，包括用于制作肥料的磷，铁、铝、各种痕量金属（以及化石燃料），我们还从大气中固定大量的氮。我们将这些物质用于工业经济或粮食种植。然后，我们通常会将废物要么倒回陆地，要么释放到大气中，或者让它们进入淡水和海洋，进而导致环境变化。为了长期的可持续性，我们必须从根本上转向更大的再循环利用规模，因为资源是有限的，而且不断积累的废物将造成日益严重的环境破坏。

再循环反过来需要能量。在生物圈中，再循环是由在光合作用中捕获的、在异养反应中消耗的化学能推动的。例如，土壤生物通过有机物与氧气结合的呼吸作用获得能量，并在此过程中将营养物释放回土壤（并让二氧化碳回到大气）。这是一个巧妙的技巧，它直接用能量并间接通过资源再循环供养生命。我们不太可能通过文明社会的大部分物质实现这个技巧，因为这些物质不以同样的方式包含能量。然而，我们可以创造一种产业生态，利用太阳能为物质再循环提供能量。

虽然地壳中许多元素的总量是巨大的，但当我们提取一种纯度不断下降的矿物时，开采和提炼它们所需的能量就会增加。这将激励我们对地球表层系统的循环中已经存在的资源进行再利用，因为这更节能。例如，对铁（和钢）进行再循环所需要的能量仅为从铁矿石提炼铁的四分之一左右。毫无疑问，在北美，那里的高品位矿石已经被开采很久了，新建设使用的钢材中大约有一半是再循环利用的。当然，如果社会中被使用的某种元素的总量正在增加——就像全球范围内的铁一样——那么就一定存在一种输入（在这个例子中是来自地壳）。但是，随着人口的稳定，我们可以预期，建设的基础设施的总量将趋于稳定。

有些物质是我们赖以生存的基础，例如我们食物中的磷和氮，其中大部分来源于施肥。大气中氮的总量是如此之大，它永远不会受到限制，只要我们有一个可持续的能源来固定氮。然而，最近有人担心，磷矿石储量可能正在受到限制，我们可能正在接近"磷峰值"产量。这意味着磷矿石储备集中度会降低，或磷更难获得，从而导致价格升高。无论这个峰值是近还是远，我们显然都需要考虑对磷进行更有效的利用和再循环。

行星界限

我们当前产业代谢所积累的废物有可能越过地球系统健康运作的界限。行星界限的概念是试图定义这些界限和相应的"人类安全操作空间"（图27）。越过这些界限，地球系统将被迫离开稳定的"全新世"状态。人们总共提出了9个界限，包括气候变化、海洋酸化、臭氧损耗、生物地球化学流、淡水利用、土地利用变化、生物多样性丧失（"生物圈完整性"）、大气气溶胶，以及包括化学污染在内的新实体。其中一些界限的数值被建议设定在不确定范围的下限，以保持在"安全操作空间"内。例如，气候变化界限被设定成二氧化碳浓度为 350 ppm，而这一水平已经被超出。

虽然人们对特定行星界限的精确设置有很多争论，但对地球系统安全运行存在界限这一基本观念的争议较少。其中一些界限可能会在资源限制开始显现之前就被超越。例如，我们显然有破坏臭氧层的技术能力。此外，可用的化石燃料——主要是煤——使我们有能力将地球系统完全带离全新世（甚至第四纪）的状态。

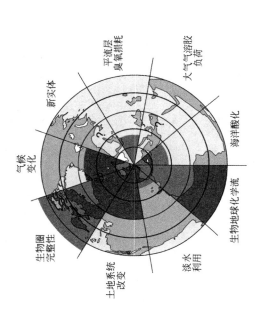

图27. 行星界限，展示了"安全操作空间"（内部深色同心圆之内）、不确定区域（内部深色同心圆和外部深色同心圆之间），以及9个行星界限中的7个的当前状态（灰色阴影区域）

我们显然需要消耗一定数量的能量和资源来维持人类的福祉。对于诸如磷这样的物质，在供养人口的基本需求、其有限储量和使用磷的环境后果之间存在着紧张关系。在行星界限之间也存在潜在的紧张关系和权衡。例如，如果我们选择在农业中使用更少的磷和氮，这将降低作物产量，那么就可能需要利用更多的土地来养活人类，这会对生物多样性产生随之而来的影响。我们如果接受存在着行星界限以及各个界限之间需要权衡的现实，就需要有意识地设计出它们之间可持续的运作方式。

一种自感知反馈系统

据我们所知，人类意识是地球系统的一个全新的属性。当它与人类改变世界的技术能力相结合，它就为地球系统带来了一种潜在的新型的反馈控制。到目前为止，地球系统的所有调节（和稳定破坏）反馈已经出现，并在不知不觉中发挥作用。展望未来，我们有可能将有意识、有目的的"目的论"反馈控制引入地球系统（图 28）。从某种意义上来讲，我们已经在这样做了。

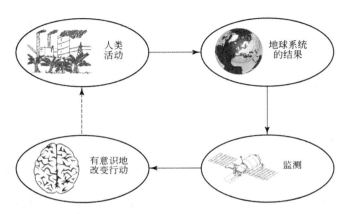

图 28. 地球系统内部目的论反馈的概念

虽然工业革命的倡导者们无意识地开始改变气候，但我们不能假装我们现在还不知道正在进行的工业活动对气候产生的后果。事实上，当阿伦尼乌斯在 1896 年发表他对二氧化碳全球变暖效应的计算结果时，他认识到工业活动正在向大气中增加二氧化碳并使气候变暖，当时他认为这是一件好事。现在我们不这么认为了，为减少化石燃料二氧化碳排放付出的努力，尽管到目前为止还很有限，却是一种有意识的负反馈活动。这是减轻预期的气候变化负面影响的程度，使其留在"行星界限"之内的一种尝试。

监测对于任何目的论反馈控制系统都是必不可少的。我们如果不知道地球系统的状态，就无法衡量我们的活动是向着我们所设定的任何目标前进还是远离我们所设定的任何目标。到目前为止，地球系统监测的发起在很大程度上是出于好奇心和记录我们行为后果的愿望。目前，我们正从地面到空间的多个层面对地球系统进行监测，以增加空间和时间的细节。在空间观测方面仍然存在巨大的缺口，例如在监测碳循环状态、生物多样性状态或深海状态方面。在时间观测方面也存在缺口，尤其是重建现代之前的观测数据。然而，我们正在取得进展，例如在监测大西洋翻转环流以及重建其过去的行为方面。

早期预警信号

除了记录地球系统的稳定变化之外，这些观测还可以提供关于突变是否正在靠近的一个重要线索。这个想法很简单：一个正在失去稳定性的系统对扰动变得越来越敏感。这意味着系统从任何特定的扰动中恢复需要更长的时间（恢复力的损失），而且在特定的扰动下，它也倾向于偏离得更远（可变性增加）。我们不需要故意扰动一个系统来观察这些信号，地球系统自身的内部变化作为一个连续的"噪音"来源，使我们可以观察系统的响应。如果我们看到地球系统的某些部分对自然波动的响应变得越来越迟缓，这就表明它们正在损失恢复力。

这种早期预警信号在过去的一些气候突变之前和模型模拟被迫趋于临界点时就已经被发现，例如大西洋翻转环流的崩溃。在现实中，它们可以给我们一个有用的线索——地球系统的哪些部分的恢复力正在变得越来越低，从而可以提示我们采取干预行动。

应对方案

针对地球系统的某一部分正在失去稳定性的早期预警，或者针对我们正在接近某个特定的行星界限的现实，可以设想几种应对方案。减轻变化的根源是最合理和常规的策略。它已经被成功地用于在全球范围内减少消耗臭氧的氯氟烃的排放，并用于解决空气污染问题和淡水以及近岸海域水体的营养负荷问题——至少是区域性的。然而，我们还没有在全球化石燃料二氧化碳排放方面取得很大进展，因为它们支撑着我们目前的经济体系。不过，其他干预行动是可以想象的。

　　对观测到地球系统的某一部分失去恢复力的一种响应可以是有意识地进行干预，以尝试加强负反馈来维持所期望的状态。这方面的一个例子是，如果我们观测到陆地碳汇正在减弱，那么就进行干预来尝试加强它。这可以采用制止砍伐森林和人为植树造林的形式，可以包括减少农田的耕作，以帮助储存土壤碳，或者将生物质转化为木炭，并将其作为长寿命的"生物炭"添加到土壤中。还可以有意在土壤中加入硅酸盐矿物碎屑，以增强风化作用。这些方法可以给当地生态系统恢复力带来好处，比如减少土壤侵蚀、加强水和养分的保持，以及防止酸化。人们还提出了其他从大气中人为去除二氧化碳的方法，比如直接捕获空气中的二氧化碳。所有这些方法都必须受到监测，以确认它们对碳循环的影响。

　　在地球系统中建立恢复力（即加强负反馈）的一个大胆推论是人为加强正反馈，以推动系统从不受欢迎的状态过渡到期望的状态。这方面的例子包括对萨赫勒和撒哈拉或者澳大利亚沙漠的一部分进行绿化的提议。观测表明，这些地区在过去显现出一个由植被覆盖产生的可以自我维持的比现在更加绿色和湿润的状态。一个"绿色长城"项目已经被设想出来，通过种植一条树带来遏制萨赫勒地区的荒漠化，加上海水淡化水和养分的供应，可能有助于该地区向一个稳定的、绿色的撒哈拉状态过渡。

在"地球工程"（或"气候工程"）的旗帜下，对气候系统的更大规模的人工干预也被纳入讨论。特别是"太阳辐射管理"方法，它试图将更多的阳光反射回太空以使地球冷却。一种被广泛讨论的方法是向平流层注入硫酸盐气溶胶（微粒），来模仿过去火山喷发的冷却效应。这是一项有效的技术，因为只需要适量的气溶胶就能抵消大气中由大量人为增加的二氧化碳造成的变暖效应。

然而，这类气溶胶寿命很短，所以必须在未来几个世纪不断补充，以避免迅速暴露出潜在的增强的温室效应。起初，我们既不能精确地了解需要多少气溶胶才能产生一定程度的冷却效应，也不能准确地了解这种方法对地球系统其他方面（比如降雨模式）的副作用。因此，对于任何这样的地球工程计划，都必须有意识地监测其影响，并相应地调整干预措施——这会是目的论反馈的一个例子。

这些建议可能产生比它们试图避免的风险更大的风

险。尽管如此，它们还是表明，我们可能正处于有意识地
引导地球系统未来轨迹的前沿。事实上，我们可能已经这
样做了，只是在不同的背景中。正如奥利弗·莫顿（Oliver
Morton）所强调的那样，"绿色革命"是一场精心策划的
努力，旨在用养分使全球大部分地表变得肥沃，以支撑
快速增长的人口。它也有附带利益（也许是意想不到
的）——保护大面积土地免受农耕的影响。

地球系统经济学

　　大多数实现长期可持续性的活动都需要合作，并且对
人类的其他成员（和生物圈）都是有利的。全球目的论反
馈的想法进一步发展，实际上代表了一个新的、有能力调
节全球环境的生物组织水平。然而，进化论告诉我们，合
作是出了名的不稳定的，因为它很容易被那些只享受好处
而不做出贡献的搭便车的人"欺骗"。地球历史证实，成
功地出现新的生物组织水平——如真核生物细胞或动物的
社会群体——是罕见的。然而，人类历史却显示出数量不
同寻常的群体层次选择，最近的社会进步可以被看作一种
有意识的努力，将我们从不时残酷的自然选择的约束中解

放出来。

个人短期利益最大化与整个系统长期最优化之间的矛盾，被概括在"公地悲剧"中。简言之，作为个体，我们都在努力提升自身的福祉，而环境是我们共有的资源。因此，我们为改善（或破坏）环境所做的任何事情都将被每个人共有，包括那些没有任何付出的人。"悲剧"是，成本和收益的分配是不平等的，因此短期个人行为的理性结果往往是破坏共有的环境，即使这在长期看来对每个人都是更糟的。这样一场"悲剧"现在正笼罩着全球的公共区域——大气和海洋。令人高兴的是，有几种方法可以摆脱这场"悲剧"，例如，制定为污染环境付出代价的集体规则。在气候变化的例子中，这种规则就是对二氧化碳和其他温室气体的排放付出代价（以及对消除这些气体的相应奖励）。

这种定价的转变并没有从根本上改变经济增长模式，它只是试图将其引向一个不同的方向。已有证据表明，通过向一个信息交换而不是物质交换的经济模式转变，经济增长将与废物积累脱钩。通过人为的管理手段使物质再循环在经济上是有利的，就可能会使这种转变进一步受到激励。然而，储存和交换信息仍然需要能量和物质，并且效率的提高从根本上受到热力学第二定律的限制。因此，经济与地球系统完全脱钩是不可能的。正如亚当·斯密（Adam Smith）认识到的，这意味着经济增长不可能无限期地持续下去。因此，一个突出的任务就是制定一门稳定的"地球系统经济学"，以支撑人类和地球的长期福祉。

扩展领域

如果我们认为我们自己和我们的社会是地球系统不可分割的一部分，并且我们重视人类给地球系统带来的新特性，那么就需要一种新的地球系统科学。它必须整合社会科学的元素，至少要达到能帮助我们理解人类能动性在地球运行中的作用的程度。这可能会改变地球系统模型的性质和我们使用它们的方式。人类的活动和行为可能会成为地球系统模型更紧密的组成部分，而不是基于对未来人类活动的一些假设来做出预测（就像我们生活在该系统之外一样）。同样，对地球系统的考虑需要我们重新思考经济学，并就我们想要什么样的未来进行更广泛的社会讨论，这将涉及艺术、人文学科和社会科学。

第八章

普遍化

这本书介绍了如何将一颗适宜居住的行星——地球——作为一个系统来研究。但是，近几年科学家们取得了令人瞩目的发现，那就是还存在着潜在的适宜居住的行星，它们绕着其他恒星轨道运行。正如人类第一次从太空看地球时，我们对地球家园的看法和理解认知都变了，当我们第一次"看"到一颗绕着其他恒星运行的类似地球的行星时，我们的认识无疑会再次彻底地改变。最后一章，我们将探讨怎样能把我们对地球系统的理解普遍化为一门有关宜居星球的一般性科学。

生物圈的寿命

如果人类能够成功找到一个与地球系统可持续发展的

关系，那么我们也许可以在地球上繁衍生息 100 万年左右，这是一个哺乳动物物种的正常寿命。如果我们够幸运（或非常聪明），也许我们可以繁衍生息 1000 万年。复杂生命体可以在地球上拥有更长的"寿命"，而原核生物可以拥有比复杂生命体还长的寿命，但不是无限期的。

问题是像"主序"上的所有恒星一样（通过氢核聚变成氦，从而产生能量），随着时间的推移，不断燃烧的太阳将以每 1 亿年大约 1% 的速度变亮，最终将会对它的行星过度加热。这个过程被一个正反馈过程加重：变暖使水蒸发到大气中并捕获更多的热量。这已经是气候系统中最强烈的正反馈，并且这个反馈注定会变得更强，因为变暖的大气被更多的水汽浸透，导致它对地球释放的热辐射变得更加不透明。最终，这将导致一种"失控的温室效应"，在这种效应中，地球无法像热量输入那样迅速地将热量输出到太空。接着，随着温度飙升，海洋将进一步蒸发。

在失控发生之前，会出现一个致命的"湿温室"现象，在这个温室里，大气就像一个蒸汽压力锅，提高剩余海洋的沸点并扩展低层大气。水分子将到达高层大气，并在那里被强烈的辐射分解，它们所含的氢流失到太空中并使行星脱水。在所有的水都消失之前，温度会变得太热以至于不适宜复杂生命生存。真核生物的温度耐受范围的上限约为50℃，而一些"嗜极微生物"的原核生命形式可以承受100℃以上的温度（如果额外的压力使水的沸点高于100℃）。因此，地球系统可能会在脱水之前回到一个由古菌和细菌组成的世界。

生命的这一最终命运能被推迟吗？在地球历史上，硅酸盐风化的负反馈机制通过清除大气中的二氧化碳，抵消了太阳的稳定增亮。然而，这种冷却机制已经接近其运行的极限，因为二氧化碳已经下降到对大多数植物而言的极限水平，而这些植物却是硅酸盐风化的关键放大器。虽然有一部分植物已经进化到可以利用较低浓度的二氧化碳来进行光合作用，但它们不能使二氧化碳浓度降低到10 ppm以下。这意味着生命还有第二种可能的命运——用尽二氧化碳。早期的模型预测，在未来10亿年左右会发生二氧化碳饥饿或过度变暖（图29）。虽然这听起来很遥远，但它代表着地球生物圈未来的寿命比过去的历史要短得多。地球的生物圈正在进入老年期。

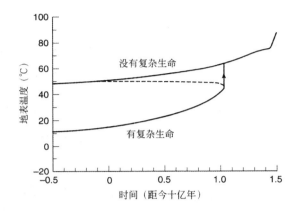

图 29. 生物圈寿命的模型预测结果，其中复杂生命过度加热，地球系统转变到一个更热的稳定状态（没有硅酸盐风化的生物强化作用），随后变成一个湿温室

宜居带

还存在另一种思考行星宜居性限制因素的方法，那就是从空间而不是时间角度思考。宜居带（图30）代表了一颗恒星周围的一定距离范围（或相当于恒星光度的范围），在这一范围内，类地行星（岩质行星）表面可以存在液态水。如果一颗行星离它的母恒星太近，就会发生过热和水损失，这标志着宜居带的内边界。如果一颗行星离它的母恒星太远，就会发生过冷和水结冰，这标志着宜居

带的外边界。这就是我们在第一章中遇到的"微弱而年轻的太阳之谜"的空间等价物。

宜居带的外边界被定义为二氧化碳的积累不再能使行星保持在冻结温度以上的地方。相反，在浓度很高的情况下，二氧化碳变成了一种净冷却剂，因为它散射的太阳辐射比它捕获的来自行星的热辐射更多。这种效应被称为"瑞利散射"，发生在所有小分子气体中（当前大气中由占主导的氮气和氧气产生的瑞利散射是使天空呈现蓝色、太阳

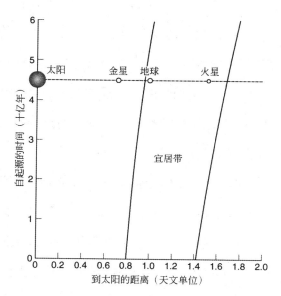

图 30. 太阳宜居带随时间的演变

呈现黄色的原因）。最终，二氧化碳积累导致的瑞利散射
将使行星无法逃离雪球状态。

宜居带存在于主序上所有恒星的周围，随着时间的推
移，这些恒星燃烧得越来越亮，从而使它们的宜居带稳定
地向外移动。恒星质量不同，因此光度也不同，这影响它
们宜居带的位置，但这些因素很容易在模型中得到考虑。
用于估计宜居带边界的经典模型是由吉姆·凯斯汀（Jim
Kasting）和他的同事开发的。它在质量和大气压方面假定
了一个类似地球的行星，该行星有着活跃的板块构造和一
个水循环。因此，假定硅酸盐风化负反馈是起作用的，这
就扩大了宜居带的宽度，通过增加大气中的二氧化碳来抵
消降低的光度（即远离恒星），并通过减少二氧化碳来抵
消升高的光度（即向恒星移动）。如果没有这种反馈来调
节二氧化碳浓度，宜居带就会窄很多。

凯斯汀团队的最新估计将太阳宜居带的外边界定在
火星轨道之外（图30），在目前地球所接收到的太阳光度
的35%的地方。这与过去在火星表面发现液态水流动的
证据是一致的。然而，在一个较微弱的年轻的太阳下，早
期的火星被预测处于宜居带的外边界以外，它较小的体积

（地球质量的 10%，伴随着相应的较弱的重力和不规则的磁场）意味着它现在已经将大部分的大气和水遗失在了太空中。金星一直被认为处于宜居带的内边界以内，这与它经历了失控的温室效应是一致的。事实上，据估计，宜居带的内边界现在离地球很近，情况十分危险，只要太阳光度增加 1% 或 3%，就会引起地球变湿或失控的温室效应。这意味着地球生物圈的未来只有 1 亿到 3 亿年，但这应该被看作一个最低的估计，因为它来自一个忽略了大气环流和云量变化的简单模型。这样一个保守的模型为估计其他恒星周围的宜居带提供了一个很好的起点，从而有助于指导我们寻找可能存在的宜居的系外行星。

系外行星

在过去的仅仅 20 年里，人们就发现了数千颗围绕其他恒星运行的行星。在写这本书的时候，已有 1500 多颗"系外行星"得到确认，还有 3000 多颗"候选行星"被探测到，其中大多数是由开普勒太空观测站发现的。如果行星在我们和它们的母恒星之间"通过"，开普勒太空观测站接收到的星光就会下降，该行星从而被发现。（不到 1% 的类似地球的行星的轨道从我们和恒星的视线之间通过，故有超过 19 万颗恒星被开普勒太空观测站监测到。）这么大的样本量给了我们关于一个典型的行星和典型的行星系是什么样子的一些想法。一颗普通恒星至少有一颗行星。最常见类型的行星的半径是地球半径的一到四倍之间，也就是最大到海王星的半径，这使我们的太阳系成为异常现象，因为它在这个中等大小范围内没有行星。如果我们考虑"超级地球"，其半径在地球半径的一到两倍之间，这是十分普遍的，据估计，大约 10% 的类太阳 G 型恒星在宜居带里拥有一颗这样的行星。这个比例在开普勒太空观测站观测到的较冷、较暗的 M 型和 K 型恒星中上升到 40%—50%。所以，当你下一次看夜空时，想想你所看到的每十颗恒星中至少有一颗恒星可能有一颗邻近的行星在其表面储藏着液态水。

截至 2014 年底，最近的地球双胞胎候选星是名字相当平淡无奇的开普勒–186f，这颗行星的半径大约是地球的 1.1 倍，它围绕着一颗典型的 M 型恒星运行。开普勒–186f 是围绕恒星运行的五颗行星中最外层的行星，它与恒星的距离约是地球与太阳距离的 40%。它的恒星比太阳更冷、更暗，这使得开普勒–186f 正好处于其恒星的宜居带上，实际上是接近外边界，处于"类似火星"的位置（图 31）。如果开普勒–186f 拥有富含二氧化碳的大气和水，那么很可能有些水在其表面以液态形式存在。

无法保证在行星上存在大量的二氧化碳和水，因为当岩质行星第一次形成时，这些"挥发性"化合物在靠近年轻恒星的高温环境下不稳定。它们可能被困在地幔中，紧接着以气体形式逸出，或通过与来自远离其母恒星的陨石和彗星发生碰撞而被带到行星上。然而，对太阳系形成的模拟表明，通过碰撞提供挥发性物质是偶然事件。因此，

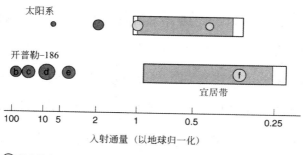

图 31. 太阳系（地球和火星处于宜居带）的行星系与开普勒–186 恒星（开
普勒–186f 行星处于宜居带）周围的行星系比较

虽然所有处于宜居带的系外行星都应该得到一些水和二氧
化碳，但其数量可能会有明显的差异，随之而来的是宜居
性的差异。

生命探测

多达一半的恒星可能有一颗适宜居住的行星围绕其运
行，这一发现大大增加了我们的星系中存在其他孕育着和
我们类似生命的行星的概率。当然，这些可能性也依赖于
生命进化的难易程度。然而，"晚期大撞击"之后地球上
生命的快速出现表明，生命的起源并不是那么困难。问题
是，如果一颗系外行星存在生命的话，我们能探测到吗？

我们到系外行星去是不现实的。据估计，离地球最近
的一颗宜居行星在大约 12 光年之外。如果以一个合理的
相对太阳的逃逸速度（高达 100 km/s），我们要花 36,000
年才能让一艘宇宙飞船到达那里。然后，通讯在各个方向
都会延迟 12 年。相反，我们需要一个远距离的生命探测
手段。

绕了一个大弯，我们回到洛夫洛克最初通过生命对行

星大气成分的影响来探测生命的想法（参见第一章）。记住，洛夫洛克认为，生命的鲜明特征是大气中气体混合物的极端不平衡。在现在的地球上，大气中甲烷和氧气的共存就是这种极端不平衡的一个例子。在系外行星上，其他不平衡混合物是可以想象的，其中有些，例如二氧化硫和硫化氢可能是通过火山喷出的气体来维持的。因此，研究需要被限制在明确的由生物造成的不平衡气体对上，例如甲烷和氧气。

探测它们的方法是用光谱仪寻找来自系外行星的辐射光谱中不同气体的特征吸收带（波长）。有些气体相比其他气体有更多的吸收带，每个吸收带的吸收程度取决于气体浓度。这带来了一个问题，因为极端不平衡意味着两个反应物会非常迅速地在一起反应，趋于降低它们的浓度。就现在的地球大气而言，甲烷的浓度约为 1 ppm，这意味着如果我们从另一颗恒星观察地球，甲烷的特征吸收带是无法探测到的。另一方面，氧气及其产物臭氧是可以探测到的。

围绕着比太阳发出的紫外线辐射少的恒星，大气化学反应将大大减弱，从而使气体浓度增加，并可能允许在氧气存在的情况下探测到甲烷，或其他不平衡气体对。然而，研究人员目前正将注意力转移到单个"生物征迹"气体的检测上。对于像氧气这样的可以在无生命环境中制造出来的气体，这就产生了假阳性的问题。另一种选择是寻找仅由生命产生的气体，如二甲基硫、异戊二烯或甲基氯化物，但这些气体的浓度往往低得多。

尽管有这些限制，但寻找另一颗有生命居住的行星的可能性已不再是科幻小说描绘的了，它可能会在下一个十年发生。当然，这是一个非凡的技术挑战，需要昂贵的太空望远镜，但是任务正有计划地朝着正确的方向发展。一颗定于2017年发射的凌日系外行星勘测卫星将搜寻整个太空，寻找明亮恒星周围的岩质行星。这应该提供恒星宜居带中的"系外类地行星"候选者，这些恒星比开普勒太空观测站发现的更近，也因此更明亮。然后，计划于2018年发射的詹姆斯·韦伯太空望远镜在行星经过它们的母恒星时，将有足够的分辨率来表征这些行星的大气。如果生命是普遍的，并且我们是幸运的，它就可能探测到外星生命。如果不是这样，更新一代的太空望远镜可以"减去"或遮住母恒星的光线，从而使成功解析大气成分的可能性大大增加。

系外行星气候

近期系外行星的发现和远距离生命探测的前景造就了一个振奋人心的时刻——开始构想一门针对所有宜居行星而不仅仅是地球的科学。

研究人员已经开始对地球气候的三维模型进行一般化，并利用它们来修正对宜居带的估算结果。这得益于大气和海洋环流的基本原理在任何地方都一样的事实，涉及流体动力学的纳维－斯托克斯方程、重力，以及取决于行星自转速度的科氏力。初步的研究表明，大气环流效应可以大大扩展朝向恒星的宜居带的内边界，延缓失控的温室效应。主要原因是，在三维的循环的大气中，应该仍然存在一些干燥下沉空气的区域，通过大气的这些干燥区，热辐射可以更有效地到达太空，防止失控。

如果我们考虑自转速度比地球慢的行星，就能使宜居带进一步向内延伸。模拟表明，深厚的云层覆盖将在一颗缓慢旋转的行星的昼半球形成，把大部分来自其母恒星的光线反射回太空。随着巨大的对流环从赤道延伸到两极，从昼半球延伸到夜半球，通过大气的热量输送也将是非常有效的。这些冷却效应可以将宜居带的内边界扩展到地球所经历的恒星通量的两倍的地方，从而包括那些与母恒星足够接近的行星。这些"潮汐锁定"的行星总是以同一面对着恒星。

宜居带外边界对解析大气环流和云量似乎不太敏感。然而，复杂模型的确发现，相比于简单模型，冻结的"雪球"状态更难进入并更易离开。特别是，覆盖在冰盖上空的云层可以帮助保持温暖的气候，因为它们不会比下面的冰具有更高的反射能力，但是会捕获来自行星表面的热辐射。

系外行星地质学

宜居带现有的评估假定，由于硅酸盐风化负反馈，行星大气的二氧化碳含量可以自动调整，其含量在宜居带的内边界非常低，在外边界非常高。这假定一颗行星的地质构造活跃并有一些裸露的地表。但这两个假设都有一些问题。

　　行星的板块构造是不能保证的。目前的理论表明，板块构造更有可能出现在一颗更大的岩质行星上，并受到液态水的促进作用。火星缺乏与其较小的体积相一致的板块构造，但金星也是如此，尽管它只是略小于地球。事实上，地球的大小预计接近板块构造的体积下限，并可能因为水而出现了板块构造，反过来，在太阳变亮的情况下也可能需要板块构造来维持液态水。在没有板块构造的较小的系外行星上，没有明显的机制将沉积在沉积物中的碳再循环回大气。相反，火山活动只会从行星地幔向大气中注入少量的二氧化碳，这很容易被硅酸盐风化吸收，导致大气中的二氧化碳浓度持续很低，并限制宜居带的外边界。

　　在更常见的"超级地球"上，板块构造是一个较安全的假设，但并不能保证存在裸露的地表。这是因为超级地球更大的重力会抑制地表抬升，有可能带来一个没有任何东西高于海洋表层的"水世界"。由于没有裸露的可以风化的地表，因此也没有大陆硅酸盐风化，二氧化碳就会在大气中积累。然而，还存在第二种二氧化碳的去除过程，即通过与在洋中脊形成的海床（玄武岩）进行反应。这种去除过程也被认为对温度敏感，因此可以起到稳定二氧化碳浓度和气候的作用，虽然是在一个更热的状态下。此外，超级地球上较高的海床压力预计会导致更多的水被移至地幔，使海洋体积减小，使一些大陆块裸露出来，并使硅酸盐风化反馈得以运行。

系外行星生物圈

在考虑了一颗系外行星宜居需满足的地质要求之后，有关它能承载的生物圈类型，我们有哪些总体内容可以说说呢？

任何生物圈的一个关键考虑因素是它的能量供应。对于一颗处于宜居带的系外行星来说，它的主要能量来源就是邻近的恒星。因此，从全球意义上看，一个系外行星生物圈需要某种形式的光合作用来推动，这种光合作用将能量从光子转移到电子。大多数恒星都比太阳暗，这意味着它们发出的单个光子的能量通常较低。因此，需要捕获更多的光子来进行任何特定类型的光合作用。在地球上，不产氧光合作用的每个电子需要一个光子，而产氧光合作用的每个电子需要两个光子。在地球上，以不同类型的不产氧光合作用独立进化的两个光系统为基础，进化出产氧光合作用花了 10 亿年。在一颗较暗的 K 型或 M 型恒星（从橙色到红色）周围，估计产氧光合作用每个电子需要三个或更多光子以及相应数量的光系统，所以很难进化。因此，作为呼吸氧气的动物，当我们发现自己绕着一颗异常明亮的 G 型恒星（从白色到黄色）运行时，不应感到太惊讶——在更暗的、更典型的、发出光子能量更低的恒星周围进化出产氧光合作用太难了。然而，较暗的恒星在主序上存在的时间更长，为进化的出现提供了更多时间。

考虑到这些因素，不产氧光合作用在宇宙中似乎比产氧光合作用更常见。然而，在一颗系外行星上，不产氧光合作用的潜在电子给体，如氢气、硫化氢和亚铁离子，估计比水更稀缺，就像它们在地球上一样。这将限制不产氧生物圈的生产力，给它们的用来改变大气成分的能量更少，并使它们更难从远处被探测到。另一方面，产氧光合作用给了生物圈大量能量，使其更有可能改变大气，并从远处被探测到。因此，虽然产氧生物圈比不产氧生物圈更加罕见，但它们应该更容易被探测到。寻找它们的最佳地点可能是在像我们自己的太阳这样较热的恒星周围，这里拥有更高能量的光子，而这些正是即将到来的太空望远镜的目标。

然而，产氧生物圈的生物征迹可能并不是大气中的氧和臭氧的明显特征。正如地球历史显示的那样，大气中氧气的积累需要氢向太空逃逸的速度更高，在地球上，这可能是由高浓度的生物甲烷推动的。氢的逃逸也取决于行星质量，在超级地球上估计会变得更加困难。此外，即使在地球上发生大氧化之后，氧气仍然保持在适度水平，这可能需要复杂陆地生命的进化，并通过增强岩石中磷的风化作用而将氧气浓度增加到现代的水平。

系外行星盖亚假说?

关于宜居带的现有研究往往假定它与生命存在与否无关，但一颗行星的宜居性很可能取决于它是否有生命存在。让我们回顾洛夫洛克的盖亚假说：生命的存在提高了地球的宜居性。尽管一些地球系统科学家对这种作用的迹象意见不一，但大多数都认同生命会影响地球的宜居性。当然，能够以可探测的方式改变宿主行星大气成分的系外行

星生物圈的存在也可能改变其行星的宜居性。但是，我们
能不能总体说一下生命是如何影响宜居性的呢？

　　让我们从已建立的硅酸盐风化负反馈机制开始去扩展
宜居带。在地球上，我们知道陆地生命的存在加速了硅酸
盐风化，这是由它们对岩石中营养物的需求造成的。事实
上，目前地球上非常低的二氧化碳浓度很大程度上是由于
硅酸盐风化的生物放大效应。如果没有生命，今天的地球
会变得更热；一些模拟表明，对于复杂的生命，地球可能
已经变得不宜居，这与盖亚假说是一致的。

　　其他生物圈也有望降低其大气中的二氧化碳浓度。首
先，如果光合作用进化形成，这倾向于把二氧化碳从大气
中以死的有机物的形式转移到行星的地壳岩石中。第二，
加强的硅酸盐岩石风化作用很可能是解决行星表面磷缺乏
这一普遍问题的通用方法。由此导致的二氧化碳降低将倾
向于使有生命居住的行星的宜居带更接近它的恒星，延伸
其内边界，但这给在宜居带外边界开始生命的生物圈带来
了一个变冷的问题。我们也可以预期，生物圈会进化出一
些相当普遍的变暖效应。值得注意的是，以甲烷形式进行
的有机碳再循环是地球上一种简单且非常古老的新陈代谢

方式。地球早期生物圈将光合作用中捕获的多达一半的碳以甲烷形式进行再循环，而甲烷是比二氧化碳更有效的致暖物质。因此，据估计净效应是早期地球的变暖（但这里存在一个潜在的问题，如果甲烷与二氧化碳的比例接近1，大气中就会形成霾，霾将太阳光散射回太空，并使行星降温）。

事实上，生物圈有很多想象得到的方式能加热或冷却它的宿主行星。生命可以产生其他强有力的温室气体，包括氧化亚氮和羰基硫化物，也可以产生其他冷却效应，例如产生二甲基硫，增加云的反照率。任何对气候的影响都会产生反馈回路，因为生物过程几乎普遍对温度敏感。由此产生的具有多个反馈回路的系统听起来太复杂，以至于我们无法对它们的特性进行概括，但是有一些简单的反馈原则可以应用。

如果一些生命形式使它们的行星更适合居住，这将倾向于自我强化——正反馈将鼓励生命的迁移。相反，如果一些生命形式开始把它们的行星推向宜居性的极限，那么这将是自我限制——负反馈将起作用并限制生命的迁移。这种反馈是否能够迅速而有力地发挥作用以防止全球生物灭绝还有待商榷，同时这还取决于不同的生物和非生物反馈之间的相互作用。尽管如此，包含这些基本原理的模型预测，平均来讲，生物圈的存在将倾向于提高行星的宜居性。

在只有一个地球的样本量下，很难（有些人会说不可能）测试出一颗行星上的丰富生命的普遍预期结果是提高还是降低宜居性。然而，如果在未来几十年里确实能探测到一颗系外行星上的遥远生命，我们将开始建立一个更大的有生命居住星球的样本量。未来的科学家利用越来越先进的太空望远镜，就可以更多地了解这些星球的特性，并将它们的特性与宜居带中没有生命存在迹象的系外行星的特性进行对比。这样我们才能最终检验盖亚假说。无论结果如何，我们都会从总体上深入了解关于有生命居住的行星本质的一些知识，而不仅仅是关于地球这颗特定的行星。

系外类地行星系统科学

在地球系统中，气候动力学、地质学和生物学都是由因果关系相互交织在一起的，它们在其他有生命居住的星球上必然也是相互交织在一起的。通过对我们的地球系统模型及其发展进行普遍化，研究人员开始构想我首次使用的"系外类地行星系统科学"——一门有关宜居的和有生命居住的星球的一般性科学。在接下来的十年里，我们将开始用新观测到的目前理论认为的潜在宜居系外行星来检验这些模型的预测结果。在我们周围的宇宙中，关于宜居星球和生命的存在，肯定会有一些惊喜的发现，也许是深刻的发现。也许我们会发现，尽管存在着所有那些潜在的宜居行星，但它们中的任何一颗都没有生命存在的迹象。也许我们会发现丰富的生命，让我们深思，为什么我们经过五十年的搜寻，却没有探测到任何地外智慧生物的信号。无论如何，这些结果都注定会改变我们对自己和对我们这个世界的看法。我相信，我们将带着新的惊奇感回看地球和我们自己的智慧，并下定决心帮助维持这颗非凡的行星。

百科通识文库书目

历史系列：

美国简史	探秘古埃及
古代战争简史	罗马帝国简史
揭秘北欧海盗	

日不落帝国兴衰史——盎克鲁–撒克逊时期

日不落帝国兴衰史——18 世纪英国

日不落帝国兴衰史——中世纪英国

日不落帝国兴衰史——19 世纪英国

日不落帝国兴衰史——20 世纪英国

艺术文化系列：

建筑与文化	走近艺术史
走近当代艺术	走近现代艺术
走近世界音乐	神话密钥
埃及神话	文艺复兴简史
文艺复兴时期的艺术	解码畅销小说

自然科学与心理学系列：

破解意识之谜　　　　　　认识宇宙学

密码术的奥秘　　　　　　达尔文与进化论

恐龙探秘　　　　　　　　梦的新解

情感密码　　　　　　　　弗洛伊德与精神分析

全球灾变与世界末日　　　时间简史

简析荣格　　　　　　　　浅论精神病学

人类进化简史　　　　　　走出黑暗——人类史前史探秘

政治、哲学与宗教系列：

动物权利　　　　　　　　《圣经》纵览

释迦牟尼：从王子到佛陀　解读欧陆哲学

死海古卷概说　　　　　　欧盟概览

存在主义简论　　　　　　女权主义简史

《旧约》入门　　　　　　《新约》入门

解读柏拉图　　　　　　　解读后现代主义

读懂莎士比亚　　　　　　解读苏格拉底

世界贸易组织概览